JN237294

飼い方と素敵な水草レイアウト、ビオトープの作り方

かわいいメダカの本

メダカ好き編集部　編

小林道信　監修

平林美紀　撮影

メダカと始める
小さな水辺のある暮らし

おなじみの小さな淡水魚、メダカ。
小さいながらも飼いやすいことから、
今、メダカ飼育が人気を集めています。

「魚が泳ぐ水槽やスイレン鉢があったら素敵。
でもアクアリウムやビオトープは難しそう……。」
なんて思っていませんか？

メダカなら、水槽飼育もビオトープも、
比較的簡単に始めることができます。

繁殖力が強いので、殖やすことも難しくありません。
生まれたばかりの稚魚を大切に育てながら、
何代にも渡って飼い続けることもできるのです。
飼ってみると、メダカのたくさんの魅力に気づくでしょう。

メダカと一緒に小さな水辺を楽しむ暮らし、
あなたも始めてみませんか。

CONTENTS

かわいいメダカ

メダカが家にやって来たら、
泳ぐ姿をよく観察してみましょう。
上から、横から、正面から。
スイスイ泳ぐメダカの姿は、
眺めているだけで楽しく、
飽きることがありません。

メダカを水槽で飼う

水槽飼育の一番の魅力は、
メダカを観察しやすいこと。
砂利の種類や水草の配置も工夫して、
自分だけの小さな水族館を楽しんで。

メダカをビオトープで飼う

大きな水鉢に水草を数種類入れ、
メダカを泳がせれば、
そこはもう立派なビオトープ。
水の中の環境さえ整えば、
水の浄化も自然の力に任せて、
楽に飼育できます。

メダカを庭で飼う

庭で水鉢や池で飼育すれば、
水辺の四季を楽しむことができます。
メダカも自然本来の行動を
見せてくれるでしょう。

Part

1

メダカ飼育のいろは

メダカはどんな風に飼うと
元気に育てることができるのでしょう。
他の魚と比べて簡単と言われるメダカの飼育にも、
忘れてはならないポイントがいくつかあります。
まずは飼育の基本を知ってから、
メダカを迎える準備をしましょう。

メダカを飼う準備

まずはどんな風に飼うかイメージを固めて

メダカの飼育方法はさまざまです。ひとつは、水槽で飼育する方法。メダカが泳ぐ姿を上からでも真横からでも見ることができる最も観察しやすい飼育方法です。フィルターやエアポンプなどを取り付けると飼育管理も楽になります。

また、ガラス鉢や水鉢に水草を入れて、ビオトープ（メダカと水草、水中の微生物の間で酸素や二酸化炭素などの物質が循環し、生態系が維持される環境）を作って飼う方法もあります。これは世話をする手間も電気代もかからない、エコな飼育方法です。

メダカ飼育に必要なもの

砂利

水槽の底に敷くとメダカが落ち着きます。粒が細かいものほど微生物が多く住み着き、水がきれいになります。

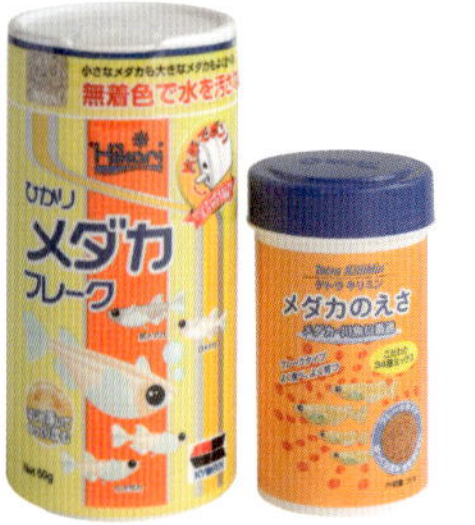

エサ

長期保存がきく人工飼料が一般的。1種類のエサでは栄養が偏るので、生餌も与えるようにしましょう。

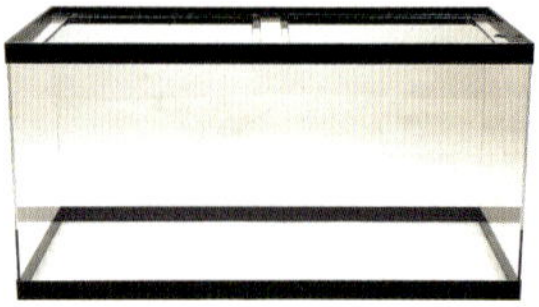

飼育容器

水槽、ガラス容器、水鉢など。水が多いほど水質が安定して飼いやすくなるので、なるべく大きいものを。

水草

メダカの隠れ家になるほか、産卵にも使用します。水槽の中の見映えもよくなるので入れておきましょう。

中和剤

水道水に含まれている塩素はメダカに有害なので、中和剤を入れて無毒化してからメダカを泳がせます。

網

魚をすくうための目の細かい網を用意します。メダカをすくうほか、水中のゴミをすくうために使用します。

室内で飼育するなら、水槽でフィルターやエアポンプを使って飼育すると失敗が少なくなります。屋外飼育では、水鉢に水草を入れ、ビオトープで飼育するのがおすすめです。木や花がある庭なら自然な雰囲気にも合うでしょう。屋外では、ガラス水槽は冬に水が凍って膨張した際に割れる危険があるので不向きです。必要な飼育用品は、どこでどう飼うかによって異なるので、メダカを買いに行く前にどんな風に飼うか決めておきましょう。

　必要なものを一気に揃えて気軽に飼い始めたい時は、水槽と飼育用品がまとまっているセットや、メダカと水草、飼育容器のセットで販売されているものを利用するのもいいでしょう。

必要に応じてそろえたいもの

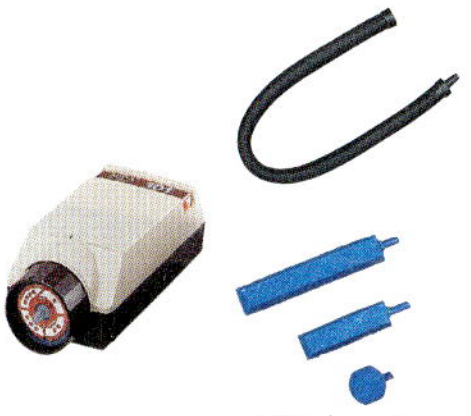

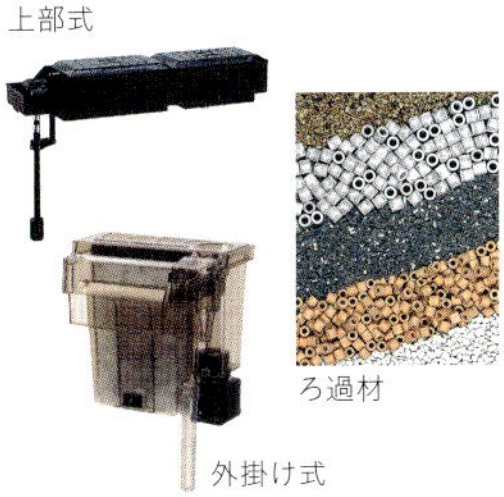

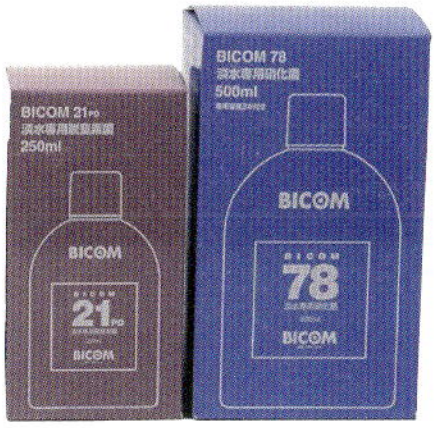

エアポンプ

水中に酸素を送る装置。エアチューブをつなぎ、チューブの先にエアストーンを取り付け水に沈めてスイッチを入れると、気泡を出して酸素を送ります。

フィルター

水の汚れをきれいにする装置。ろ過材を入れ、コンセントにつないで使います。外掛け式や目立たない上部式、水槽の底に敷く底面式などがあります。

バクテリア

水中の有害物質を分解する微生物。自然に砂利やろ過材の中に住み着きますが、早く環境を整えたい時は商品として売られているものを使用します。

その他

バックスクリーン

水槽の後ろの配線を隠し、水槽の中をきれいに見せるために、水槽の裏に貼るもの。

水温計

メダカは水温の変化に敏感なので、水温もチェックできると安心です。

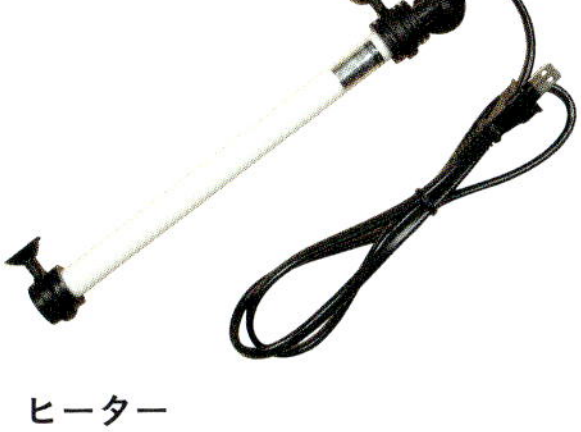

ヒーター

必須ではありませんが、冬も加温して水温を一定に保つとメダカが長生きするといわれています。年間を通して繁殖をしたい場合も必要です。

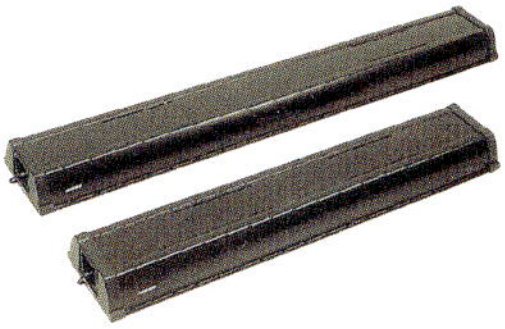

水槽用蛍光灯

水槽の中を観賞しやすくする専用の蛍光灯です。朝に点灯して夜は消灯し、メダカの生活リズムをつくるためにも使用します。

メダカのエサ

メダカにとって理想的なエサは？

野生のメダカは、水中のプランクトンやボウフラなどの小さな虫、コケを食べて生きています。飼育する場合でも、水草があってプランクトンが豊富にいる水ならエサを与えなくても生きていけますが、人工的な環境では、自然と同じようにエサに困らない環境を作るのは難しいものです。

そこで、人の手でエサを与えることになりますが、メダカのエサにはさまざまな種類があります。せっかくメダカを飼育するのですから、メダカが好むエサや、長く健康に飼えるようなエサの与え方を知っておきましょう。

市販されているメダカのエサとしては、乾燥させた人工飼料をよく見かけます。メダカが食べやすい大きさに砕かれている顆粒タイプと、徐々に崩して食べるようになっているフレークタイプがあります。保存も利くので、おそらくこのタイプのエサをよく利用することになるでしょう。ただ、同じエサばかりを長期に渡って与え続けていると、栄養不足になることもあります。そこで、人工飼料に加えて時にはミジンコやアカムシなどの「生餌《いきえ》」を与えましょう。

生餌はメダカが喜ぶエサで、食いつきもよくなります。川や池から自分で採取することもできますが、水の汚染や病原菌も一緒に入れてしまう恐れがあります。やはり、アクアリウムショップやペットショップで売られている生餌を与える方が手軽で安心でしょう。ただ、生餌は保存が利かないので、不便に感じる場合は、冷凍アカムシ、冷凍ミジンコなど急速冷凍したタイプや、乾燥させて長期間保存できるようにしたものがあるので、それを与えてもいいでしょう。冷凍や乾燥させた生餌も、アクアリウムショップなどで簡単に手に入ります。

また、屋外で飼っているメダカは、蚊の幼虫のボウフラも捕食します。屋外では室内よりも水中に多くの微生物が住みつくので、生餌を自然に食べていることもあります。

メダカのエサには、長期間不在にする時に最適な水中で徐々にほぐれていくタイプも販売されています。タイマー式で決まった時間にエサを与えることができる装置もあるので、旅行などで家をあける場合も安心です。

メダカが食べるもの

人工飼料

メダカに最適な栄養分を合成して作ったエサです。ほかの魚用のエサも食べますが、メダカ専用のものを与えましょう。毎回2〜3分で食べきれる量だけ与えるようにします。

フレークフード

水面に浮かぶ薄いフレーク状に加工されたエサです。与えすぎると水を汚してしまうので注意が必要です。

顆粒フード

メダカが食べやすい大きさの粒に加工されたエサ。少しずつ与えられるので食べ残しを防ぐことができます。

生餌

本来は数種類の生餌を与えるのが理想ですが、生きた状態で手に入れるのは難しいので、冷凍や乾燥したものを人工飼料の副食として与えましょう。

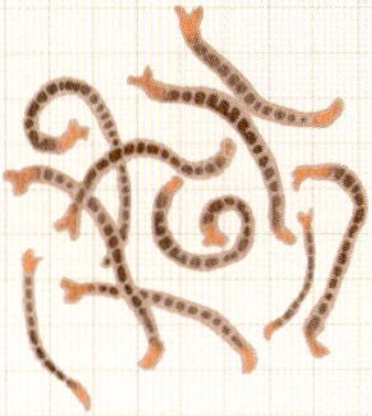

アカムシ

ユスリカの幼虫。生きたアカムシはメダカが喜んで食いつきますが入手が難しく、冷凍したものが主に販売されています。

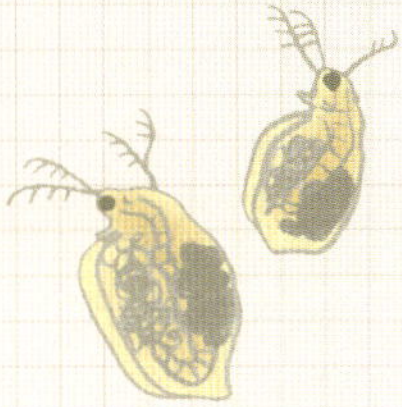

ミジンコ

川や池など淡水域に生息する1〜2mmの動物プランクトン。生きている状態は手に入りにくく、乾燥したものや冷凍した状態で販売されています。

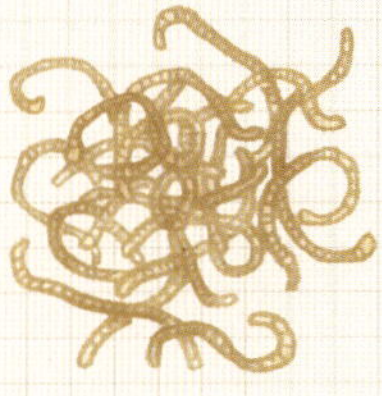

イトミミズ

水中に生息する糸のように細いミミズ。メダカの口にぴったりの大きさです。乾燥したタイプも販売されています。

ブラインシュリンプ

北米に生息する小さな甲殻類。主に孵化した幼生を冷凍したものが売られています。栄養価の高いエサです。

水槽のセット方法

メダカを買う前に水槽の準備を

水槽にフィルターは必須ではありませんが、管理が楽になるのでつけることをおすすめします。電源を入れた直後のフィルターは、水をきれいにするバクテリアが増えておらず、十分に機能していない状態です。水槽のセットは少なくともメダカを買う1〜2週間前までに終らせましょう。

準備するもの

- 水槽
- フィルター
- 砂利
- 水草
- バクテリア（必要な場合）

水槽セットの準備

水槽を洗う

水道水で手やスポンジを使って水槽の中を軽く洗いましょう。洗い終わったら下に向けて風通しのいい場所に置くかタオルで拭いて外側を乾かします。

水槽レイアウトを考える

どんな雰囲気の水槽にするか、そのためにどんな水草をどこに植えるか、あらかじめ考えてからイメージに合った水槽や砂利、水草を購入しましょう。

水草を準備する

水草は余分な葉をとり、長すぎる時は適度な長さにカットします。水に沈めたい場合は根元におもりをつけておきます（詳細は85ページを参照）。

砂利、ろ過材を洗う

ろ過材は流水で注ぐ程度に洗います。砂利はバケツやたらいなどに入れ、濁りがとれるまで何度か水を換えて洗いましょう。

水槽セットの手順

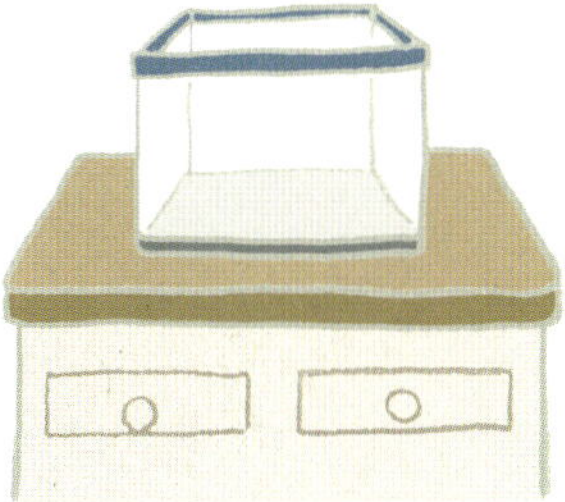

1 水槽を設置する

まず、水槽を置きたい場所に設置します。水槽は直射日光が当たらず、水平で安定感のある場所に置きましょう。

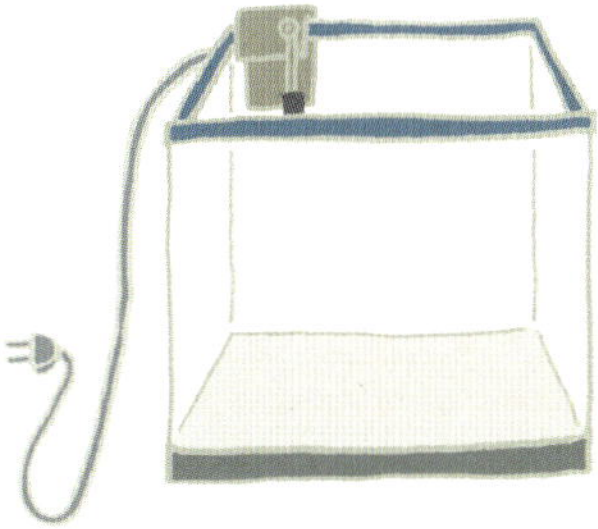

2 フィルターをセットする

フィルターの中にろ過材をセットし、水槽に取り付けます。フィルターの説明書にしたがって行ってください。

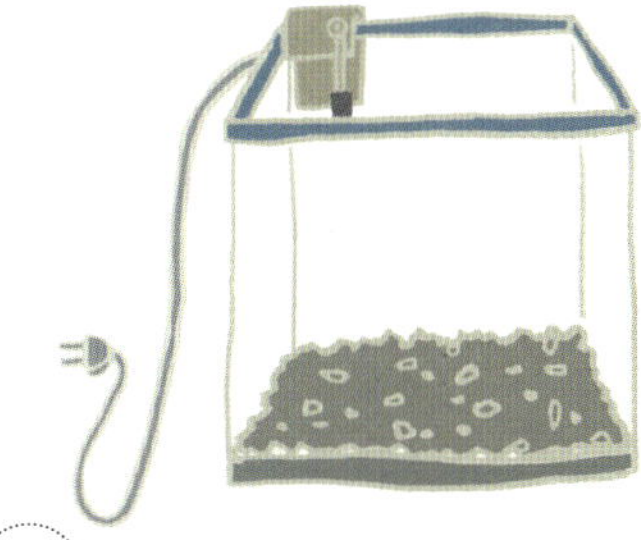

3 砂利を敷く

水槽の底に砂利を敷き詰めます。ムラができないよう、しっかり押さえて敷いていきます。

4 水を入れる

砂利が巻き散らないように静かに水を入れていきます。入れ終わったら中和剤を加えておきましょう。

5 水草を入れる

水草をレイアウトします。砂利に埋める時は専用のピンセットがあると便利です。石や流木なども入れておきます。

6 フィルターの電源を入れる

フィルターのコンセントを電源につなぎ、スイッチを入れて動かします。1～2週間経ってからメダカを入れます。立ち上げ時に市販のバクテリアを入れると、早めに入れることができます。

メダカを買ってきたら

メダカを購入する時に注意したいこと

メダカはアクアリウムショップやペットショップ、ホームセンターのペットコーナーなどで売っています。インターネットでも販売されていますし、メダカの専門店もあります。専門店には初心者向けの種類を扱っているところもありますが、珍しくて飼育が難しい高級なメダカがメインになっています。健康で丈夫なメダカを飼うことを考えると、専門店かアクアリウムショップで飼育用に販売されているメダカがいいでしょう。ペットショップなどで買う場合は、他の魚や動物のエサとして売っていて大切に扱われていないことがあるので注意が必要です。よく観察して、元気に泳ぎ、ヒレや体がきれいなメダカを買いましょう。底の方でじっとしていたり、ヒレがボロボロのメダカは、病気を持っているか、弱っていて長く生きられない可能性があります。

購入するメダカの数は、水草を入れた小型の40㎝水槽なら4～5匹が限度です。フィルターとエアポンプをつければ数を増やすことができますが、立ち上げたばかりの水槽では少数から飼い始め、徐々に増やすようにしてください。購入したメダカは、少量の水と空気を入れたビニール袋に入っているので、長時間そのままにしておくことはできません。なるべく早く持ち帰りましょう。

水槽に泳がせたばかりのメダカは静かに見守り、エサは翌日から与えます。

水槽に入れる前に必ず「水合わせ」を

メダカが家にやってきたら、さっそく水槽に移して泳がせたくなりますが、そのまま移してはいけません。丈夫な魚といわれるメダカも、環境の変化には敏感です。急に水温や水質が異なる水に移されると、ショックで死んでしまうこともあります。

水合わせの手順

❶袋ごと水槽に入れる

メダカが入っているビニール袋をそのまま水槽に浮かべます。30～40分間この状態を保ち、袋の中の水温が水槽の水温と同じになるのを待ちます。

❷水槽の水を少しずつ袋に移す

メダカが入っている袋の口をあけ、袋の中の水を半分捨てます。次に、水槽から捨てた量より少なめに水をとって、袋の中に移します。10分ほど待った後、同様に水を入れ替え、再び10分待ちます。

❸メダカを水槽へ移す

メダカを静かに水槽へ移します。袋の中の水の汚れが気になる場合は、メダカを網ですくって水槽に入れましょう。

そうでなくても、人間が急に寒いところに行くと風邪を引くなど体調を崩すのと同じように、メダカも環境が急激に変わると体調を崩して元気をなくしてしまいます。そこで、メダカを緩やかに新しい水槽の水に慣れさせる「水合わせ」という作業を行います。上の手順にしたがって進めてください。メダカは適切な環境さえ用意すれば、飼いやすい魚ですが、新しい環境に入れる時が、失敗と成功の分かれ道ともいえる重要なポイントです。購入してきた時はもちろん、新しい水槽に移す場合も、水合わせは必ず行う必要があります。

　また、メダカが到着した日はエサを与えないようにします。エサやりは日を改めて、メダカが環境に慣れてから始めましょう。

メダカのお世話

エサは食べきれる量だけ水換えは少しずつ

メダカの主な世話は、エサやりと水換えです。エサは、水槽で飼育している場合は1日1〜2回、2〜3分で食べきれる量だけ与えます。外でビオトープで飼育している場合、順調にプランクトンが殖えていればエサを与えなくてもいいこともありますが、毎日よく観察して、メダカがエサを食べていなかったり、元気がなかったり、痩せたりしているようなら週に2〜3回を目安にエサを与えましょう。

水槽の水は、1週間に一度、全体の4分の1から3分の1を捨てて新しい水に交換しましょう。新しく加える水は、1日汲み置きした水か、中和剤で無毒化したものを加えます。1回の水換えの量を4分の1から3分の1に留めるのは、水質が大きく変わることを避けるためです。突然水質が変わるとメダカに負担がかかってしまうので、水は少しずつ交換しましょう。また、水換えを怠ると、水質が悪くなり、メダカの目が白く濁ってしまい、最悪の場合は死亡することもあり得ます。水換えのタイミングを決めて、忘れずに行ってください。フィルターをセットしていても、小型のフィルターでは限界があり、水は汚れていくので、定期的な水換えが不可欠です。なお、小さい容器で飼育している場合やフィルターをセットしていない水槽の場合は、もっとこまめに水換えを行う必要があります。一度に換える水を6分の1〜5分の1に留め、毎日行うなどして様子を見ながら続けましょう。逆に屋外では、状態がよければ1カ月に一度くらいの水換えで十分です。毎日エサを与えているようであれば、1週間に一度、室内と同様に水換えをしましょう。水換えに加えて、蒸発した水を足し入れる作

ビオトープで飼育すると世話は楽になりますが、メダカの状態をチェックし、状況に応じてエサを与えるようにしましょう。

業も必要です。

水槽に蛍光灯を取り付けている場合は、朝に蛍光灯のスイッチをつけて、夜になったら消すようにします。蛍光灯の照射時間は1日8時間程度を目安にしてください。

メダカ飼育で大切なポイント

メダカを飼育していて最も注意したいのは酸素不足です。もしメダカが水面で口をパクパクさせていたら、水中の酸素が不足しているサイン。すぐにエアポンプを取り付けて水中に空気を送りましょう。水草を植えたり、容器を大きくして水面を広くしたり、水量を増やしたりすることも有効な手段です。

メダカにとって快適な水温は、20〜25℃くらいです。野生のメダカは0〜38℃の水温で生きていけるといわれているので、ヒーターを使った温度管理は必須ではありません。ただし、0℃といっても水が凍結していない状態に限りますし、急激に水温が変化すると耐えられないこともあります。夏場は直射日光が当たり続ける場所に置かないようにするか、すだれをかけるなどして、日中に急激に水温が上がるのを防ぎましょう。真冬に室内飼育していたメダカを突然外で飼い始めるのも厳禁です。

水質が安定していることも重要です。水面にゴミが落ちていたり、水草の枯葉などが漂っていたりするのを見つけたら、すぐに網で取り除きましょう。ただ、きれいな水を保ちたいからと、頻繁に水を換えすぎるのも考えものです。せっかく水質的に安定している状態を壊すことになり、かえって水質が悪くなることもあります。水換えのタイミングは、毎日の世話で水槽の様子をよく観察して判断するようにしてください。

エサに気づいて集まってきたメダカ。エサをあげるのは楽しい時間ですが、やり過ぎると食べ残しで水を汚してしまうので要注意。

水槽の管理

水槽内のメンテナンスを定期的に行う

水槽で飼っていると、日ごろの世話に加えて、水槽内のメンテナンスも必要になります。どうやって水槽を管理すればいいのか、確認しておきましょう。

水槽内の水草は、そのまま自由に伸ばしていると、見映えが悪くなるだけでなく、メダカの泳ぐスペースを少なくしたり、夜間に水草が呼吸をして水中の酸素を奪ったりと、いいことがありません。水草が伸びてきたら、はさみでカットし、ピンセットで取り除いておく必要があります。

水草以上にやっかいなのは、水槽内で発生するコケです。水槽の正面ガラスに付着すると、中がきれいに見えません。コケを落とすには、内側から手でこする、スポンジでこするなどの方法がありますが、マグネット式のコケ取り用品も販売されています。水槽内で必ず発生するものだけに、コケ取り用品も多く販売されているので、それを利用するのも手です。また、長くメダカを飼育していると、水槽の上部に白い汚れが付着し始めます。これは、水中の石灰分などが、水が蒸発した際に残されて付着したものです。見つけたら濡れタオルで拭くか、アクリル製の定規でこすり落とします。

フィルターをつけている場合は、中のろ過材を定期的に洗う必要があります。ろ過材は洗いすぎに気をつけましょう。見た目がきれいになるまで洗ってしまうと、せっかく育ったバクテリアが失われてしまいます。大きな汚れを軽く落とす程度に留めましょう。

また、蛍光灯の上もホコリがたまらないよう定期的に拭き掃除をして、明るさが保たれているかチェックしましょう。

砂利の上にもゴミが溜まるので、掃除が必要です。

砂利の上にはメダカのフンなどのゴミが堆積するので、水換えと同時に掃除をします。

コケの掃除

水槽の表面に生えた緑色の藻は、手やスポンジでこすって取り除きます。市販のコケ取り用品を利用するか、割り箸にスポンジを取り付けてこすり落としてもいいでしょう。

砂利の掃除

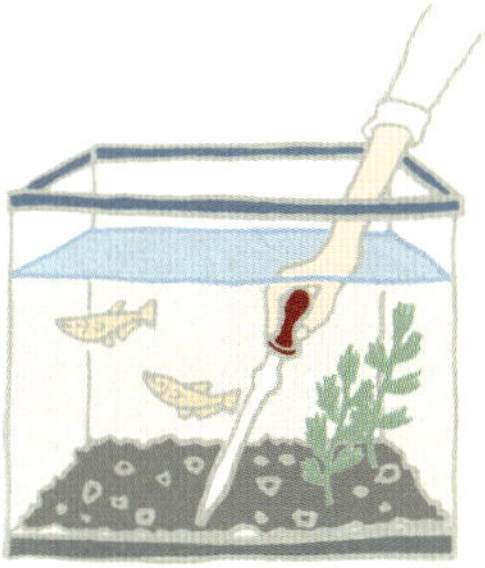

砂利の上にはメダカのフンなどのゴミが堆積するので、水換えのついでに、専用のホースやスポイトで積もったゴミを吸い取っておきましょう。

白い結晶の掃除

濡れタオルで拭くか、アクリル定規などをつかってこすり落とします。この汚れは、溜まると落としにくくなるので、こまめな掃除が一番の対策です。ガラス蓋に付着したものは、紙やすりやクレンザーを使って落とすことができます。

ろ過材のお手入れ

バケツに水槽の水を入れ、その中で取り出したろ過材を洗います。大きな汚れを軽く落とし、フィルターに戻します。洗った直後は水槽の水が濁りますが、水換えはせずフィルターの作用できれいになるのを待ちましょう。

水槽のそうじ屋？ メダカと飼える生き物

メダカと飼える生き物の中には、コケを食べてくれるものがいます。少しでも掃除の手間を省くために、水槽に加えてみるのも手です。

タニシ

ヒメタニシという種類は日本全域に生息し、3.5cmほどの大きさで、外でも越冬できます。

ミナミヌマエビ

池や沼に生息する 2〜3cmの小型のエビです。メダカと同じ環境で繁殖できます。

イシマキガイ

2.5cmほどのコケを食べる淡水貝です。屋外で飼育していても越冬することができます。

メダカの種類

メダカは体の色や体型によって、さまざま種類に分類されます。
現在はたくさんの新しいメダカが登場し、正確な品種の数はわからないほどです。

おなじみの 飼いやすいメダカ

よく見かける基本的な種類のメダカです。比較的飼いやすいので、初めてメダカを飼う時はこれらの品種からスタートしましょう。

クロメダカ

昔から日本に住んでいた野生のメダカそのままの品種です。メダカの他の品種はこのクロメダカを改良したものです。体の色が黒ずんでいることからクロメダカと呼ばれています。

ヒメダカ

クロメダカから赤い色素を多く持つ個体を集めて改良されたメダカ。江戸時代から親しまれてきた改良品種です。今では飼育用として最もポピュラーで、一番目にする機会の多い品種です。

シロメダカ

クロメダカが本来持っていた色素が抜け落ちて、体色が白くなった品種です。黒い水鉢や水草が多い水槽の中でもよく目立つので、人気のあるメダカです。

楊貴妃(ヨウキヒ)

ヒメダカを赤い色素がより濃く出るように改良した品種。ヒメダカよりも赤に近く、美しいオレンジ色の体色が特徴。少し高価ですが、その美しさから高い人気を集めています。

アオメダカ

白に近い体色ですが、光に当たると青みを帯びて見える品種です。シロメダカのように体の色素が抜け落ちていますが、少し残っているのでこの色に見えるのです。

こんなメダカも！

ユニークなメダカ

メダカの品種改良が進み、丸くてかわいい体型のメダカや、内臓が透けて見えるメダカなど、ユニークな改良メダカも増えています。

半ダルマメダカ

普通のメダカとダルマメダカの中間の体型をしています。こちらも体が短いので泳ぐのが苦手で、飼育の難易度が高いメダカです。（写真は楊貴妃の半ダルマメダカ）

ダルマメダカ

普通のメダカより脊椎骨の数が少ないので体が短く、丸く見えます。奇形のメダカがその愛らしさから人気を集め、品種として固定されました。飼育は大変難しく高価なメダカです。（写真は楊貴妃朱天皇のダルマメダカ）

アルビノ

体からすべての色素が抜け落ちているので、全身がまっ白です。黒目の部分にも色素がないので、血管が透けて目が赤く見えるのが特徴です。繊細で飼育は難しいメダカです。

スケルトン

体表の色素が薄くなり、透明に近いウロコを持っているので体が透けて見えます。研究用に開発された品種です。赤いエラが透けて見えるのが特徴的で、目のまわりが赤く見えます。

きらきら光る!?

ヒカリメダカ

背中が光を反射して輝く「ヒカリメダカ」というメダカもいます。普通のメダカより背ビレが大きく、尾ビレがひし形になっています。

ピュアブラックヒカリ

クロメダカの黒い色素を濃くしたブラックメダカの中でも、特に黒が濃いピュアブラックという品種のヒカリメダカ。目が青いのも特徴。数万円の値がつけられるメダカです。

スノーヒカリ

「スノー」と呼ばれるピンクがかった白色の種類のヒカリメダカ。雪のような白さに加えて背中が輝き、かわいくてきれいなメダカです。

アオメタル

通常のヒカリメダカよりも、さらに光る部分が多く、お腹の部分まで強く光るメダカをメタルと呼んでいます。写真はアオメダカのメタルです。

シルバーヒカリ

「銀河」という呼び方で親しまれている非常に美しく光るメダカです。尾ビレのまわりが黄色味を帯びた色で縁どられているのも特徴のひとつです。

撮影協力／太田メダカ

素敵な飼育容器 いろいろ

メダカの飼育を始める時は、飼育容器を選ぶのも楽しみのひとつ。水槽ひとつとっても、さまざまなデザインがあります。まず部屋で飼うか、屋外で飼うかを決めて、イメージに合う容器を探しましょう。

水槽

シンプルな小型水槽は、形やディティールで大きく印象が変わります。
部屋の雰囲気に合わせて選びましょう。

正立方体のキュートな小型水槽。フレームレスのすっきりしたフォルムで、水槽内のレイアウトを美しく引き立てます。

左:クリスタルキューブ200(W20×D20×H20cm)、右:クリスタルキューブ250(W25×D25×H25cm)/コトブキ工芸

魚が観察しやすく、奥行きのないスペースにも置けるデザイン性の高いアクリル水槽。水草と魚などがセットになっています。

レガーロ・カリーナ(W20×D6.5×H20cm)/神畑養魚

メダカが泳ぎまわる姿を観察できる円形の水槽。浅型なので、浮き草をたくさん浮かべたい時や底砂にこだわりたい時に。

プラントグラス　シリンダー 3010（Φ30×H10㎝）／アクアデザインアマノ

しずくをかたどったような形がかわいい小型のガラス水槽。室内の好きな場所に置いてアクアインテリアを手軽に楽しめます。

プラントグラス　オーバル25（Φ26×H25㎝）／アクアデザインアマノ

中央にくぼみがあるガラス容器。下に水草を植えて水上に伸ばしたり、ビー玉を入れたりと、アレンジの幅も広がります。

Ring middle（Φ17.8×H12㎝）／杜若園芸

置き場所を選ばない小さなガラス水槽。メダカと相性のいいコケ玉の水草版「侘び草」（同メーカーオリジナル）の育成にも最適です。

プラントグラスキューブ15（W15×D15×H15㎝）／アクアデザインアマノ

丸みのある形がユニークで愛らしい、フタつきのビン型容器。メダカ２匹、石、貝、ビー玉もセットになっています。

メダカのオアシス（W17.5×D12×H17.5㎝）／杜若園芸

水鉢

屋外でビオトープを作る時は水鉢で。
小型のものならインテリアとしても使用できます。

信楽焼きの陶器の水鉢。シンプルでスタイリッシュな形。深みがあるので、メダカが快適に過ごせます。

左：生子はなせ 水鉢、右：白はなせ 水鉢12号（Φ38×H30㎝）／プラスガーデン

花のような形のテラコッタ鉢。庭、テラス、ベランダとどんな場所にも映えるやさしい色合い。メダカの隠れ家付き。

ひらひらめだか鉢（Φ46×H14㎝）／e-cera shop

メダカのために作られた素焼きのテラコッタ鉢。撥水加工のあるなしが選べ、加工なしは水温の上昇を緩やかにする効果があります。

シンプルめだか鉢（Φ38×H14.5㎝）／e-cera shop

小判型の小さなメダカ鉢。土の質感が巧みに表現された、手作りの味わいある鉢です。スイレンも似合います。

松皮手づくりめだか鉢12号（W35×D28.5×H14㎝）／信楽焼 マルイチ奥田陶器

卓上にも置ける大きさの、シンプルでハイセンスな陶器の水鉢。部屋でビオトープを楽しむ時にも最適です。

ボウル（Φ30×H15㎝）／プラスガーデン

庭、軒先、玄関とどこに置いてもさまになるデザインの陶器の水鉢。スイレンなどの花はもちろん、葉物のグリーンも映えます。

ストラトスミドル 8号（Φ39×H30㎝）／プラスガーデン

味のある色合いのスイレン鉢。庭でスイレンや水草の寄せ植えを楽しむのにぴったりの大きめの鉢です。

トチリ碗型スイレン鉢 16号（W50×H26㎝）／信楽焼 マルイチ奥田陶器

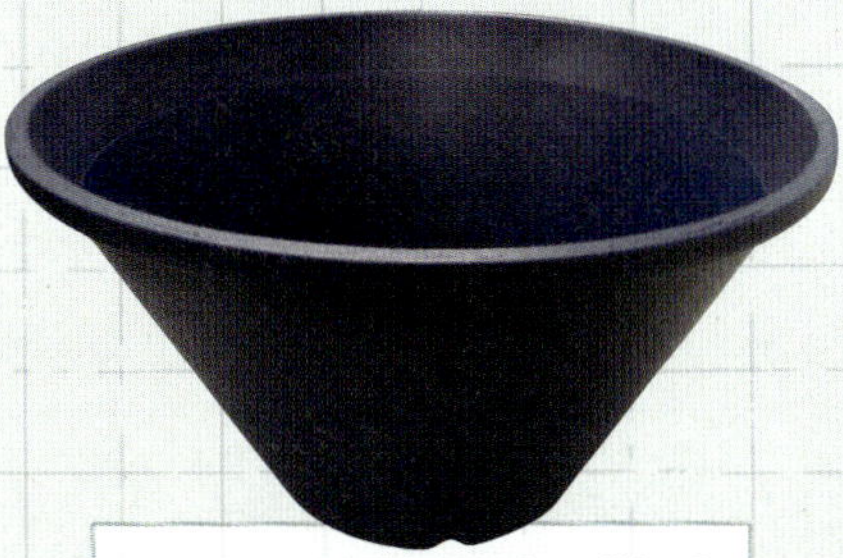

スイレンのどんな花色も引き立てる紺色の陶鉢。スイレン栽培に最適なサイズ。口に向かって広がる形で、水面が広く見えます。

スイレン鉢 440（Φ44×24.5㎝）／神畑養魚

個性的な 水槽

メダカが飼える小型水槽には、個性的なデザイン、形のものが揃っています。
お気に入りを探してみてください。

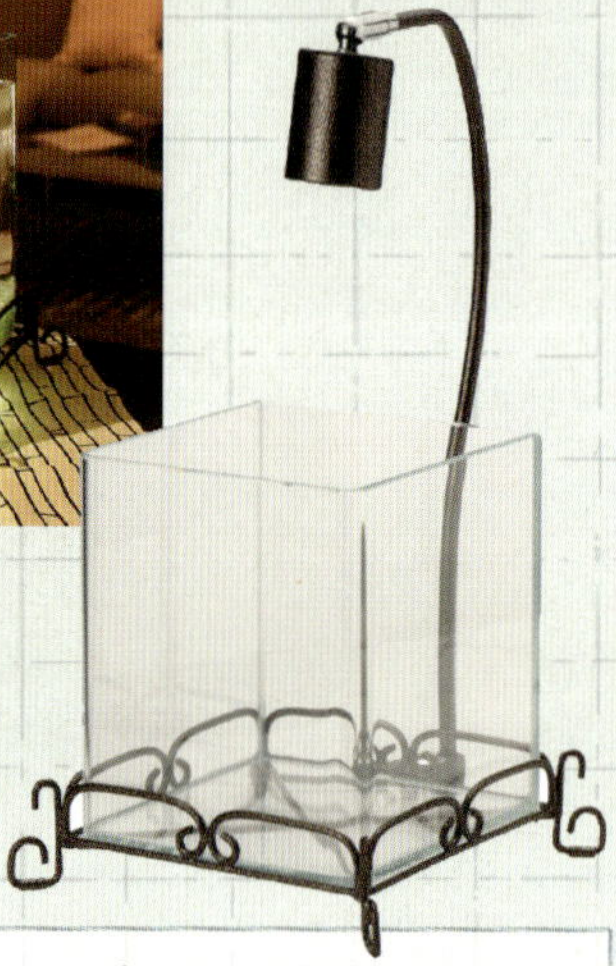

ガラス水槽、ベース、ランプのセット。手作り感のあるインテリアとしても魅力的な水槽セット。ハロゲンランプの光が幻想的な水辺を作り出します。

レガーロ・クラシックタイプ(W18×D 18×H20cm)/神畑養魚

和をテーマにした落ち着いた雰囲気の水槽。水草、魚付きの水槽セットで、メダカを上からも横からも眺めることができます。

レガーロ・庭園(Φ30×H11cm)/神畑養魚

信楽焼きの陶器にガラスが張られた水槽。和の味わいを生かしつつ、お部屋に置いてメダカを横からしっかり観賞できるすぐれもの。

右:信楽焼き水槽角型(W21×D14×H22cm)、左:信楽焼き水槽丸型(W22×D14×H22cm)/信楽焼 マルイチ奥田陶器

探してみよう

見近な器

水を入れるための器で、ある程度水量が確保できれば、メダカを飼育することができます。家にある使えそうな器を探してみるのもいいですね。

ビン

口が狭いと水中に酸素が溶けにくくなるので、なるべく口が広いものを。水を入れるのは口部分の下までにして、空気との接地面を増やしましょう。

石鉢

和の庭にぴったりの石鉢。水草を浮かべてヒメダカやシロメダカを泳がせると、石の中で引き立ちます。側面にコケを生やしても。

ピッチャー

飼育できるメダカの数は1～2匹に限られますが、口が広く、水が1.5ℓ以上入るものなら利用できます。

花器

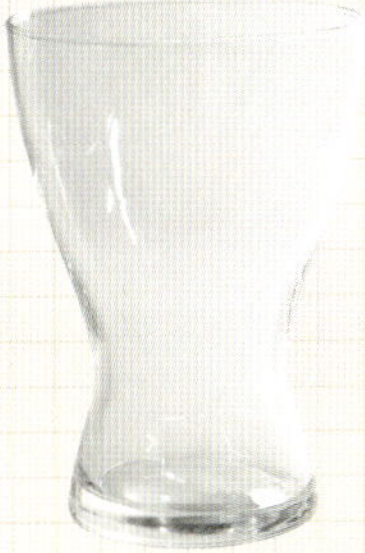

重さがあるので安定感があります。いろいろなデザインがありますが、透明でメダカが泳ぐスペースを広くとれるものを使いましょう。

ベビーバス

水量が多く確保できるベビーバスは、屋外でのビオトープにぴったり。家で眠っているものがあればリサイクルしてみては。

水中を彩る小物いろいろ

好みの器を見つけたら、小物も利用して水中をレイアウトしてみましょう。ちょっとした工夫でさまざまなアレンジができる、水中で使える小物を紹介します。

1

流木

アクアリウムショップで取り扱っています。水槽に入れる前に、濁らなくなるまで水に浸けるか鍋で煮て、アク抜きをしましょう。

2

ビー玉

砂利の代わりに敷くほか、砂利の上に並べたり、小さなガラス容器に入れて水に沈めても、涼感のあるアクセントになります。

3

砂利

観賞魚用の底砂として、色も粒もさまざまなタイプが販売されています。数種類の砂利を混ぜて好みの色に調整してもいいでしょう。

4

石

大きさ、色、形が選べるので、レイアウトを考えて配置しましょう。溶岩石など水をきれいにする効果を持つ石もあります。

5

浮き玉

ガラス製や陶器製のものがあります。形も浮き輪型や金魚型などさまざま。水鉢の中に浮かべると、水草に映えてカラフルな水面に。

Part 2

メダカ飼育を楽しむ

お気に入りの飼育容器を選んだり、
水草の組み合わせを工夫したり。
メダカの飼い方は自由自在。
数あるメダカの飼い方の中から、
自分のイメージに合ったものを見つけて
メダカのいる暮らしを始めましょう。

P42〜61　レイアウト制作者

花田純（杜若園芸デザイナー）
カキツバタを始めとする水生植物の生産・販売を行う老舗ファーム「杜若園芸」勤務。水生植物のアレンジ制作を始め、さまざまなデザイン業務に携わる。

神崎浩彰（AQUA SHOP wasabi店主）
水草専門のオンラインショップ「Aqua Shop wasabi」を経営。世界各地の水草と水草レイアウト用品を取り扱うほか、水鉢の寄せ植えなどレイアウト制作も請け負っている。

藤掛嘉史（太田メダカ店主）
普通種から珍しいメダカまで幅広いメダカの生産・販売を行うメダカ専門店「太田メダカ」を経営。愛情を持って行う丁寧なメダカの管理と親身な接客に定評がある。

グリーンの鑑賞石で
ガラス鉢の透明感を引きたてて

ガラス鉢

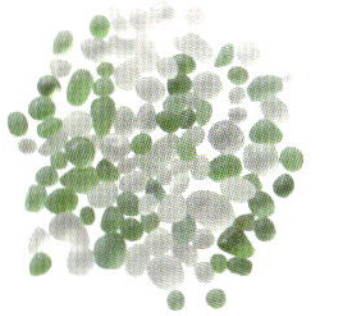

鑑賞石

マツモ

アマゾンフロッグ
ビット

マツモとアマゾンフロッグビットという手に入りやすい2種類の水草を浮かべただけの簡単なレイアウト。マツモを丸いガラス鉢を囲むように浮かべ、ところどころにアマゾンフロッグビットを置きました。鑑賞石の色もグリーンで統一することで、自然で涼しげな印象になっています。メダカは赤みの強い楊貴妃を泳がせて。鮮やかで1枚の絵のような水景になりました。アマゾンフロッグビットが増え、マツモが伸びてきても、余分なものを取り除くだけで簡単に維持できます。

Plants List

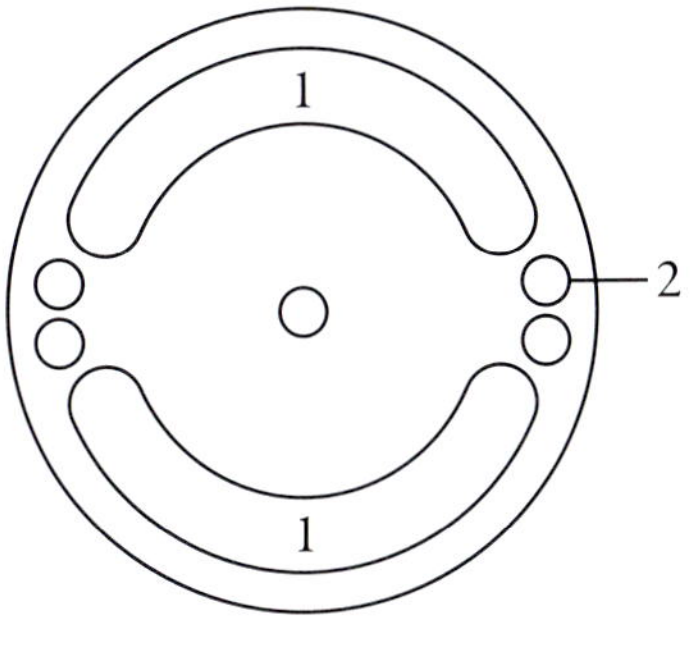

1 マツモ
2 アマゾンフロッグビット

 レイアウト制作／藤掛嘉史（太田メダカ店主）

Layout.2 メダカ飼育を楽しむレイアウト

抽水植物を伸ばして
水面の上も見せ場に

ガラス容器

赤玉土

アンペライ

ナガバオモダカ

ゴロタ石

水面を突き抜けて伸びる抽水性の植物を使った、水面の上まで楽しめるレイアウトです。使用したのは春先に小さな白い花を咲かせるナガバオモダカと、細い葉がまっすぐ伸びるアンペライ。根元に石を並べて水中も自然な印象に。ナガバオモダカの花の色に合わせてシロメダカを泳がせました。水中のグリーンにもメダカが映えて、泳ぐ姿を楽しく観賞できます。奥行きが狭いタイプの容器は、机の上や玄関などちょっとしたスペースのインテリアにぴったりです。

Plants List

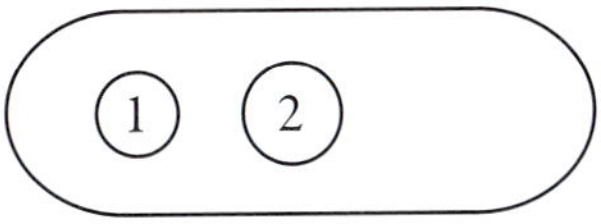

1 アンペライ
2 ナガバオモダカ

とりどりの水草を浮かべて水面をより瑞々しく

ガラス容器

ビー玉

ガラス容器、ハイドロカルチャー、
フイリセリ

アマゾンフロッグビット、
オオサンショウモ、カボンバ、マツモ

アオウキクサ

多種類の水草を配した瑞々しいレイアウトです。

小さなガラス容器にハイドロカルチャーを入れ、フイリセリを植えて水を張ったら、アオウキクサを浮かべます。これを大きなガラス容器の中心に置き、まわりにビー玉を敷きます。大きなガラス容器にも水を入れて、カボンバ、マツモを入れ、アマゾンフロッグビット、オオサンショウモを浮かべて完成です。アオウキクサが流れないよう、まわりの水面は中心のガラス容器の縁より低くしておきましょう。

Plants List

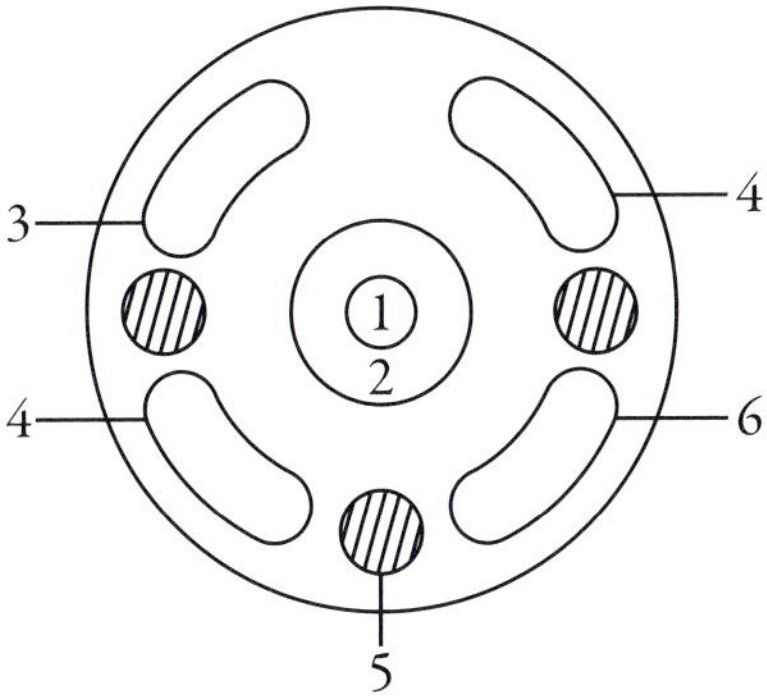

1 フイリセリ
2 アオウキクサ
3 オオサンショウモ
4 カボンバ
5 アマゾンフロッグビット
6 マツモ

 レイアウト制作／花田純（杜若園芸デザイナー）

水面へ伸びる水草に枯れ枝を添えて躍動感を

ガラス容器

枯れ枝

川砂

スクリューバリスネリア

ハイグロフィラ・
ロザエネルヴィス

マツモ

庭先でも手に入る枯れ枝がポイントのレイアウトです。まずガラス容器に川砂を入れ、水を入れて手前に上の葉だけが赤くなるハイグロフィラ・ロザエネルヴィス、後ろにマツモとスクリューバリスネリアを植えます。最後に枯れ枝を刺して完成。水面に伸びるマツモやスクリューバリスネリアが枯れ枝の効果で木のように見え、水中に森のような景色が現れました。

　クロメダカを入れると、探検するように泳ぐ姿を見ることができます。

Plants List

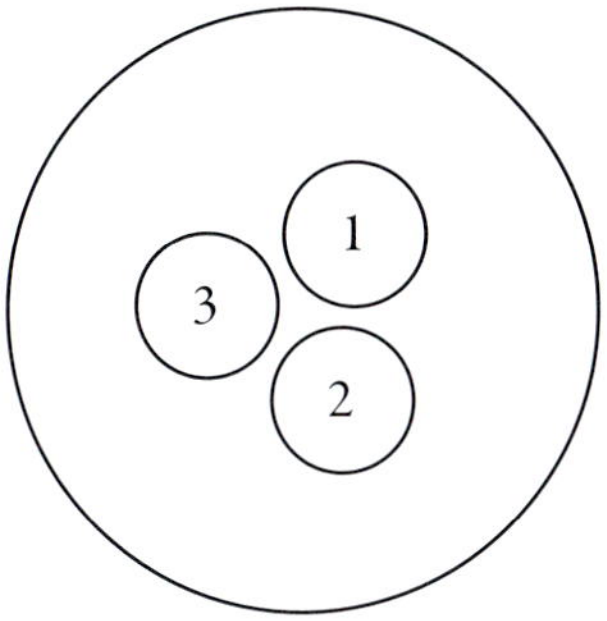

1 スクリューバリスネリア
2 ハイグロフィラ・ロザエネルヴィス
3 マツモ

Layout.5 メダカ飼育を楽しむレイアウト

水上に伸びる花を添えて高低差を楽しむ

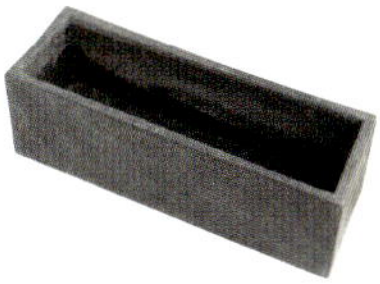

長鉢

＋

オランダカイウ、フイリセリ、
ウォーターバコパ、シラサギカヤツリ

＋

アマゾン
フロッグビット

＋

ゴロタ石

大きな白い花が魅力のオランダカイウをアクセントにしたレイアウトです。高低差を生かして、オランダカイウの花から水面へ、流れるように構成しています。

まず、ひとつの鉢に赤玉土を入れ、オランダカイウ、シラサギカヤツリ、フイリセリを寄せ植えします。これを長鉢に入れて水を満たし、石を沈めます。最後にアマゾンフロッグビットを浮かべたら完成です。シロメダカを泳がせると、はっきりメダカの姿がわかり、水面を眺めるのが楽しくなります。

Plants List

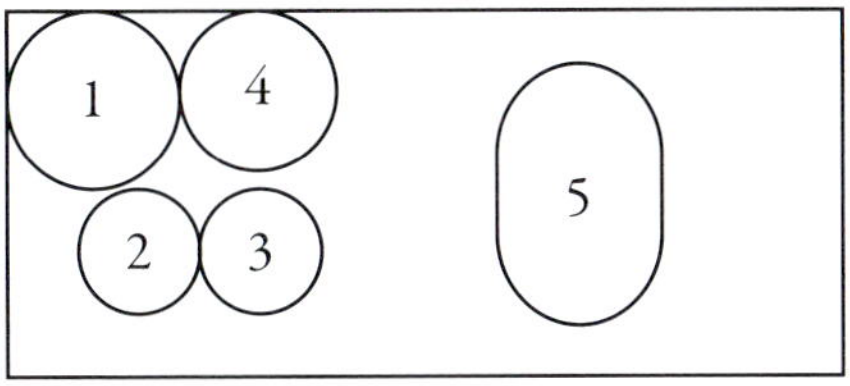

1 オランダカイウ
2 フイリセリ
3 ウォーターバコパ
4 シラサギカヤツリ
5 アマゾンフロッグビット

色鮮やかな水草を組み合わせてにぎやかに

ガラス容器

溶岩石

川砂

ヒメセキショウ

ミニ・マッシュルーム、アヌビアス・ナナ・プチ

キクモ

ロタラ・インディカ、ミクロソリウムナローリーフ

さまざまな水草を植えて、自然の川の中のような雰囲気を醸しています。赤い葉色のロタラ・インディカをポイントに、色合いと葉の形が違う水草を組み合わせたことで、バリエーション豊かで見応えのある水景になりました。

奥には背の高いヒメセキショウ、ロタラ・インディカ、ミクロソリウムナローリーフを、手前に背の低いミニ・マッシュルーム、アヌビアス・ナナ・プチを植えて奥行きを演出。多孔質で水をキレイにする溶岩石を入れて完成です。

Plants List

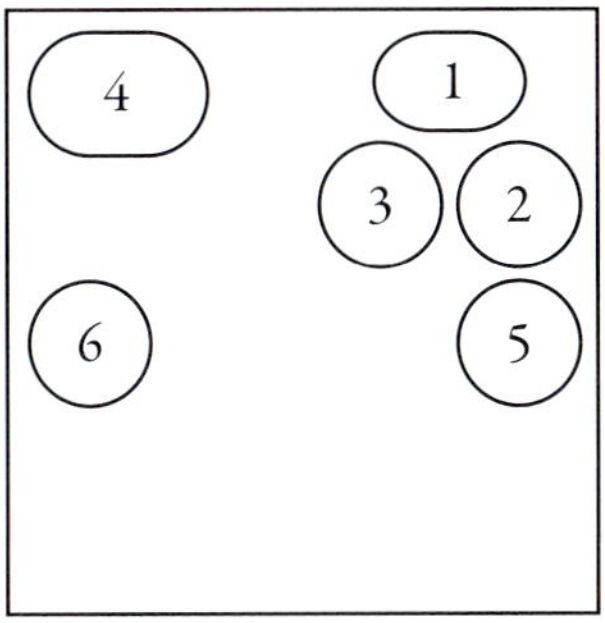

1 ヒメセキショウ
2 ロタラ・インディカ
3 ミクロソリウムナローリーフ
4 キクモ
5 アヌビアス・ナナ・プチ
6 ミニ・マッシュルーム

 レイアウト制作／神崎浩彰（AQUA SHOP wasabi）

横長のガラス容器で メダカの観賞と 水草の育成を楽しむ

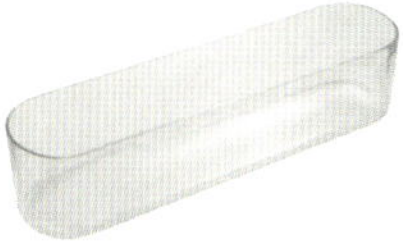

ガラス容器

溶岩石

砂利

ヤマゴケ

ミニノチドメ、トキワシノブ、セキショウ

ホウオウゴケ

ドワーフ・アマゾンフロッグビット

粒が粗いものと細かいものの2種類の砂利を混ぜて自然の川のように仕立てています。石の上にコケを置いて水辺の風景を演出。水中にもホウオウゴケを植えて、水上とのつながりを作っています。

砂利を敷き、トキワシノブ、セキショウを植えたら、溶岩石を重ねて水面より高くなるように配置。岩の間にミニノチドメを植え、ヤマゴケをのせます。容器に水を張り、水中にホウオウゴケを植えて、ドワーフ・アマゾンフロッグビットを浮かべて完成です。

Plants List

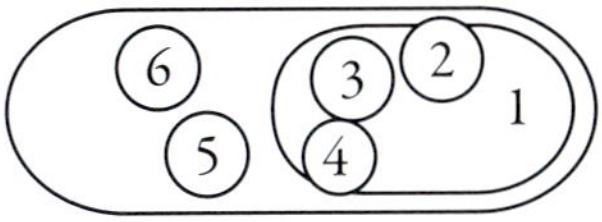

1 ヤマゴケ
2 セキショウ
3 トキワシノブ
4 ミニノチドメ
5 ホウオウゴケ
6 ドワーフ・アマゾンフロッグビット

 レイアウト制作／神崎浩彰（AQUA SHOP wasabi）

水草のまわりを
メダカが泳ぐビオトープ

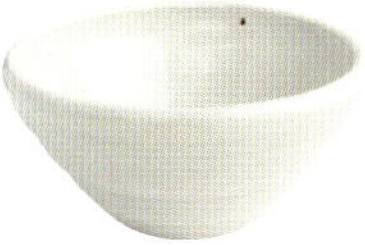

スイレン鉢

ミニシペラス、ナガバオモダカ、ウォーターポピー、フイリセリ

ゴロタ石

　スイレン鉢の中央にミニシペラスを始めとする寄せ植えを配置した、湿性植物が主役のレイアウトです。春先にはナガバオモダカが白い花を、夏から秋にかけては、ウォーターポピーが黄色い花を咲かせるので年間を通して楽しむことができます。
　ミニシペラス、ナガバオモダカ、ウォーターポピー、フイリセリを、赤玉土を入れた鉢に植えてスイレン鉢の中央に置き、水を張ります。株元に石を並べたら、白い器に映えるクロメダカを泳がせましょう。

Plants List

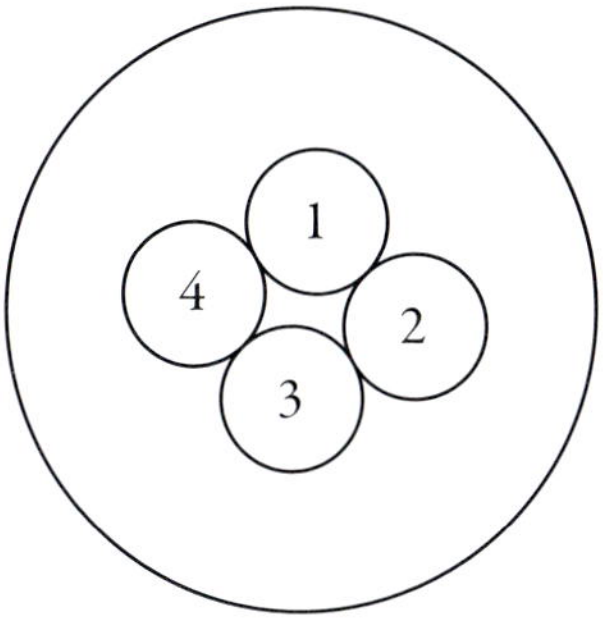

1 ミニシペラス
2 ナガバオモダカ
3 ウォーターポピー
4 フイリセリ

趣きのある庭園のような
本格派ミニテラリウム

ガラス容器

砂利

流木

セラギネラ、ヤマゴケ

クリサリドカーパス、セキショウ

アジアンタム、ヘデラ

ミニアマゾンフロッグビット

ナヤスインディカ

ひとつの器の中で陸と水辺、水中の景色を楽しむことができます。2種類の砂利を混ぜて底に敷き、流木を置いて水中と陸の境界を作ります。陸部分へ鉢の約半分ぐらいの高さまで砂利を入れ、セラギネラ、アジアンタム、セキショウ、クリサリドカーパス、ヘデラを配置し、上からさらに砂利を流し込んで安定させます。その上に山ゴケを置きます。水を入れて、水中にナヤスインディカを植え、ミニアマゾンフロッグビットを浮かべてメダカの隠れ家にして完成です。

Plants List

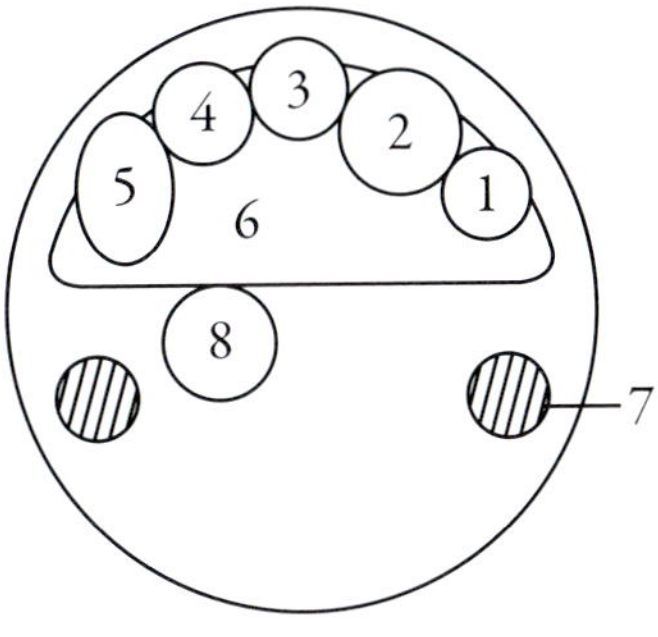

1 セラギネラ
2 アジアンタム
3 セキショウ
4 クリサリドカーパス
5 ヘデラ
6 ヤマゴケ
7 ミニアマゾンフロッグビット
8 ナヤスインディカ

レイアウト制作／神崎浩彰（AQUA SHOP wasabi）

Layout.10 メダカ飼育を楽しむレイアウト

石の質感を生かして風情のある水景に

ガラス容器

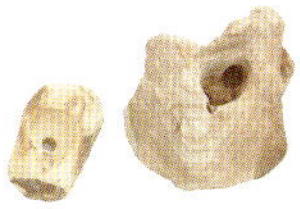

砥石ポット

コケ

ウォータークローバー、ヒメホタルイ

水草を植える穴がある砥石のポットを使って簡単に作ることができる、石の質感を生かしたシンプルなレイアウトです。

砥石ポットを２つ用意して、それぞれにヒメホタルイ、ウォータークローバーの苗を入れ、まわりにコケを埋めて固定します。これを、水を入れたガラス容器の中に並べれば完成です。

下まで水が入って水量を確保できるガラス容器に入れて、石のまわりをメダカが泳ぐ姿を楽しみましょう。

Plants List

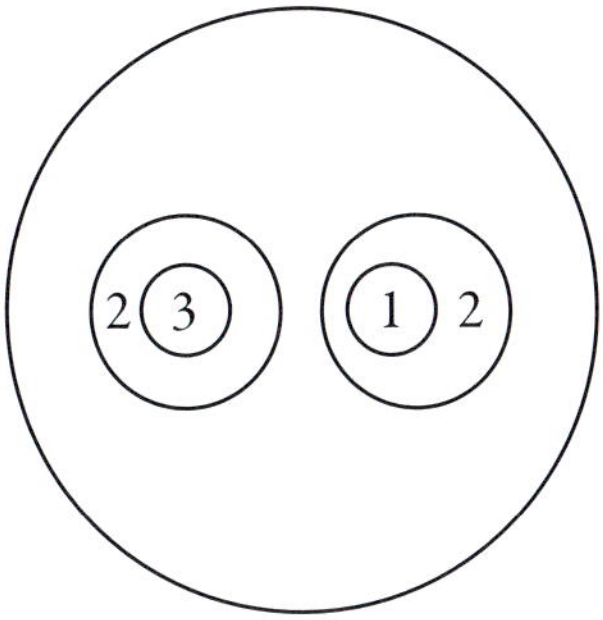

1 ウォータークローバー
2 コケ
3 ヒメホタルイ

水槽レイアウトのコツ

自宅の水槽をプロが作ったように見せるための、ちょっとしたコツをご紹介します。

Step 1

水草は奥から高低差をつけて植える

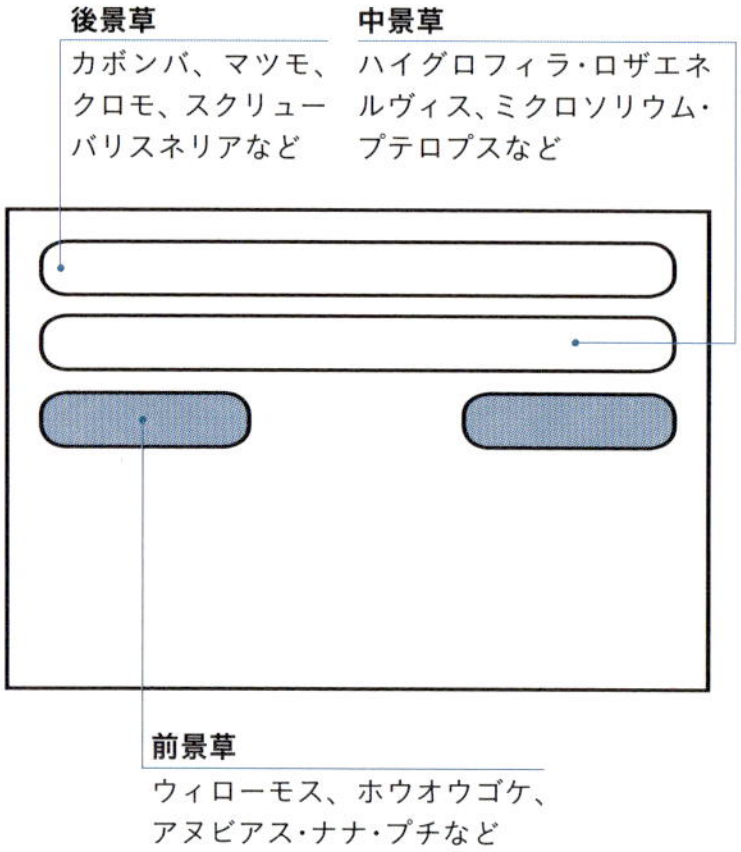

水槽の中では、手前に水草を植えるとメダカがよく見えなくなってしまうので、中央より奥に植えるのが鉄則です。水槽の一番奥は背の高い水草、その手前は少し背の高い水草、一番手前は背の低い水草を植えて、高低差をつけましょう。こうするとすべての水草が見えやすくなり、水槽の中に奥行きが生まれます。

一番後ろに植えるのにふさわしい水草を「後景草」と呼び、その手前に植えるのに適した水草を「中景草」、一番手前は「前景草」と呼びます。

Step 2

石のセレクトで雰囲気をアップ

砂利と水草だけでは水槽内がもの足りないと感じたら、石を入れてみましょう。流木より安価で、アク抜きの手間もかかりません。

黒くて無数の穴がある溶岩石、川や池の自然な雰囲気に近づくゴロタ石など、さまざまな石の中から、水槽のイメージに合ったものを選びましょう。ウィローモスなどの水中ゴケをまくこともできます。

Step
3

川や池、自然の環境そのものを参考に

川や池では、どんな風に水草が生えているか、水辺にどんな植物があるか観察してみましょう。たくさんの生き物が共存している自然の風景こそ、一番癒されるものです。石にコケを置いたり、流木に水草を絡ませたり、ツタのように這わせたり。自然の水辺の風景を切り取って、自宅の水槽に再現してみましょう。

Step
4

水草の色合わせにもこだわって

水草の色の組み合わせを工夫すると、よりまとまった水槽になります。例えば、奥に濃い緑の水草を植え、手前にくるにしたがって明るい色にしていくと、水槽内を広く見せる効果があり、色のコントラストを楽しむこともできます。赤い水草もあるので、色合わせを楽しんでみましょう。

Step
5

水面の上にも見せ場を作る

水面の上まで伸びる抽水植物を植えたり、浮き玉を浮かべたりして、水面の上もきれいに彩ってみましょう。セキショウやホタルイは、水面の上にも長く葉を伸ばして成長します。また、オモダカやウォーターバコパなどは水上に茎を伸ばして花を咲かせるので、水中とのつながりを持たせながら、水面を華やかに演出することができます。

庭で満喫するメダカのいる水辺

神奈川県・森一滋さん・麻理子さん

スイレンや水草を入れて水辺を楽しめる庭に

3年前に景品でもらったことがきっかけでメダカを飼い始めた森さん夫妻。メダカを飼うならスイレンも一緒に育てたいと考え、ご実家で使っていなかった火鉢を譲り受けて庭での飼育をスタートしました。火鉢にスイレンを植え、メダカを泳がせると、その年の夏にさっそく水草に卵を産み始めたそうです。

「夏は週に1度、エサやりと藻の掃除をしますが、ある日、ホテイアオイの根に卵が産みつけられていることに気がつきました。親が卵を食べてしまうと聞いたので、親と離して育てることにしたんです」と一滋さん。そこで新たにスイレン鉢を購入し、水草ごと新しい鉢に移すと、まもなく稚魚がかえり、順調に育っていきました。2度も卵を産んだ時には、稚魚の成長段階に合わせて容器を分けたので、3つの鉢が並んだことも。殖えたメダカはペットボトルに入れて、ご友人におすそ分けしたそうです。

「相手にも喜んでもらえるし、順調に成長していると連絡があるとうれしいですね」。火鉢をもらったご実家にも、自宅で殖えたメダカとスイ

火鉢のメダカをのぞき込む長女のきなりちゃん。庭でメダカが泳ぐ姿を見るのが大好きなのだそう。

生まれた卵を移すために買い足したスイレン鉢。大雨の際は大きなタイルでフタをして増水を防いでいます。

火鉢には縁があるので、その分陰ができて水温が安定するのか、火鉢に住むメダカの方が元気に成長するのだとか。

レン鉢をセットにして贈ったのだそう。ご実家の方でもメダカたちは大切に育てられ、会話の中にメダカの話題もよくのぼるようになったそうです。

人に譲るほど殖えることもありますが、自然に任せて飼っていると数が減ることもあり、手に余るほど増えることはないといいます。

「同じように飼っていても、去年は一気に数が減りました。その年の気温や天候に左右される部分が大きいのかもしれません」。そんな状況だからこそ、夏は庭の水辺をのぞくのが日課で、楽しみでもあるそうです。お子さんたちもメダカを見ることを喜んでいるのだとか。涼しげな水辺のある庭では、毎日のように家族の笑い声が響きます。

粉末状のエサを与える時に、先を割ったストローを利用。付属のサジが壊れたので身近な材料で代用しています。

鉢の中には藻が発生するのでこまめな掃除が必要。そこで、フォークを使って手を濡らさずに絡めとっています。

黒いスイレン鉢は夏に熱を吸収して水温が上がるので、それを防ぐために白いペンキを塗りました。

パソコンデスクの上のミニアクアリウム

——京都府・福原真由美さん

世話が簡単なメダカの水槽をリビングのインテリアに

リビングの隅のパソコンデスク上に小さな水槽を置いてメダカを飼育している福原さん。水草専門店を経営する弟さんに勧められ、水草をセットした小型の水槽をもらってメダカを飼い始めました。アクアリウムで魚を飼うのは初めてでしたが、世話も管理も楽なので気に入っているそうです。

「朝、蛍光灯をつけて、夕方消すようにしています。メダカのリズムを作るために、1日の点灯時間は7時間と決めています」。後は、1日2回のエサやりが普段の世話。水は週に1度足し水をする程度で、時々専用のホースで砂利の掃除をしています。水槽の表面がコケで汚れてきたら、スポンジでこすり、角は歯ブラシでこすって掃除をしているそう。小さな水槽なので、掃除の手間はほとんどかかりません。

水槽をデスク上に置く際には、そのままでは寂しいのでマットを敷き、小さなサボテンの鉢を添えて、デスク上の水槽まわりを見ていて癒されるコーナーにしました。パソコン作業の合間に泳ぐメダカの姿を目で追いかけたり、水の中で揺らぐ水

「パソコン作業の合間にも癒されます」と福原さん。水草をたくさん植えた水槽は疲れた目を癒してくれるようです。

草を眺めたりしていると、目の疲れもとれるのだとか。デスクの上の水槽はソファに座っても眺めることができるので、お茶をしてくつろぐ時にも目に入ります。

「アクアリウムは思った以上に癒しの効果が大きいです。ちょっとした時間で和むことができるし、水槽はインテリアのポイントにもなっていいですね」。

水草は奥の右からロタラ・ロトンディフォリア、ボルビティス・ヒュデロティ、スクリューバリスネリア。中央はミクロソリウムプテロプス、手前にテンプルプラントコンパクトを植えています。

夜の水景に魅せられ小型水槽を増やすことも計画

メダカを飼い始めて1年になる福原さんが、一番気に入っているのは夜の水景。部屋の電気を消すと水槽内が昼間よりもきれいに見えるのだそうです。

「夜の方が日中よりもきれいで幻想的に見えるので、つい見入ってしまいます。それから、水の蒸散が多いので、冬は加湿器がわりになっているかもしれません」。実際に水槽を置いてから気づくことも多いようです。また、今後は玄関に水槽を置くことも計画しているそう。

「玄関の棚の上にあると、来客のアイキャッチになっていいですね」。小さな水槽を部屋で楽しむ計画は尽きることがないようです。

袋で購入したエサは小さな缶に移し変え、薬サジを添えて毎日朝と夜の２回与えています。

水槽の中にいるのはクロメダカ5匹。水槽の底には白いケイ砂を敷き、流木を入れてアクセントにしています。

軒先で楽しむビオトープ

——東京都・「匙屋」さかいかよさん

メダカが泳ぐビオトープで自然を身近に感じる毎日に

「何か生き物を飼って、人間のペースだけではなく、他の生き物のリズムを暮らしに取り入れたいと思ったんです」と話すさかいさん。そう考えていた矢先、メダカが大好きで繁殖もしている知人からメダカを分けてもらい、3年前からメダカの飼育を始めました。

　最初は水槽で飼育していましたが、水が緑色に汚れやすい状態でした。そこで、掃除をしてくれると聞いたエビや貝を入れたり、木炭を入れたり。試行錯誤の末、土に植えた水草を入れると緑がかった水がみるみる透明になりました。これがきっかけでスイレン鉢でも飼うようになったそうです。

　漆塗りのカトラリーの工房兼お店を営むさかいさんは、日当たりのいいお店の軒先にスイレン鉢を置きました。水草を入れると、環境が合っていたものはみるみる大きくなり、鉢を覆う程になったそうです。メダカが産んだ卵を見つけると、別の器に移して孵化させ、稚魚を育てることも始めました。するとメダカが徐々に殖えていきました。

　そこでスイレン鉢を増やし、部屋

お店の軒先にスイレン鉢のビオトープを2つ並べて置いています。立ち止まって鉢の中を眺めていくお客さんも多いのだそう。

左のスイレン鉢ではスイレンを、右の鉢にはホテイアオイを育てています。どちらも夏にはきれいな花を咲かせます。

金魚鉢の中では藻を食べてくれるミナミヌマエビも飼っています。エビも繁殖して増えているそう。

金魚鉢ではヒメダカを飼育。ガラス瓶に植えた水草と、中が空洞の陶器の箸置きを入れてメダカの隠れ家に。

でも金魚鉢に水草を入れて飼うようになりました。メダカがもとは水田にいた魚ということから、鉢の中で稲を育てたことも。スイレンは秋から冬には葉も出ませんが、稲は枯れても残っているので長く楽しめるといいます。

　また、飼ってみて印象的だったのは、メダカにも個性があることだそう。

「水面をのぞいても平気で水面に上がってくるメダカもいれば、人を怖がって、すぐ隠れてしまうメダカもいます。同じ環境で飼っているのに違いがあるので驚きました」とさかいさん。世話の手間がかからないものの、見ているだけでさまざまな発見があるメダカに魅せられていると微笑みます。

日当たりがいいので、水中ではどうしても藻が増えてしまうことが悩みの種。気づいた時にこまめに取り除くそうです。

スイレン鉢に住むメダカ。のぞきこんでも人を怖がらず、水面の近くを泳いで姿を見せてくれることもあります。

Part

3

メダカとビオトープ

いきなり始めるのは難しく感じる
「ビオトープ」という言葉。
でも最低限の基本を知って、育てやすい水草を選べば、
ガーデニングほど手がかからず、
誰でも楽しめるものです。
メダカを飼うならぜひ挑戦してみましょう。

ビオトープの基本

生態系全体を指す言葉から ガーデニングの一部に

ビオトープとは、ドイツ語で「生物が生息する環境」という意味。本来は、ある地域の中で結びつきのある生物が形成する生態系のことを指します。日本では、人工的な池や川を作り、水草や水辺の植物を植えて自然環境を再現したものを、いつからかビオトープと呼ぶようになりました。小学校や公園などでよく見られる人工的な水辺がそうです。やがて、家庭で小さな池や器に植物を植えることもビオトープと呼ばれるようになりました。水草は丈夫で初心者でも育てやすいので、ガーデニングの一部として注目を集めています。

庭やベランダで水鉢を用意して水草をいくつか植えれば、ビオトープが完成します。ここにメダカを入れると、水鉢の中でメダカのフンを栄養に植物が成長し、水草がメダカに酸素を供給。さらに自然に発生した微生物が水の汚れを浄化し、メダカのエサにもなり、小さな生態系が生まれます。自然にまかせて飼育するので、エサも水槽ほど必要になりませんし、環境が整えばエアポンプやフィルターがなくても飼うことができます。

屋外のビオトープでは、観賞魚用に売られている水草より、園芸店で売られている水性植物がメインになります。鉢の底に土を敷いて植えるか、小さな鉢に植え換えて水に沈めれば、水上に葉を広げ、季節によってはきれいな花を咲かせます。

小さなビオトープでも、水面に水草が葉をのぞかせる水辺の風景を楽しむことができます。

植物を植える土は、荒木田土と呼ばれる田んぼの底に堆積している土や、粒の粗い赤玉土、川底に堆積する川砂など。水生植物専用の土も販売されており、これらの土は水生植物を扱う園芸店で手に入ります。熱帯魚水槽で底床に使うソイル系サンドでもいいでしょう。肥料は微生物が分解した有機物が植物の栄養になる油《あぶら》粕《かす》が適しています。

室内でも楽しめる小さなビオトープ

ビオトープは屋外だけでなく、花器や金魚鉢などのガラス容器に水草を入れて、室内で楽しむこともできます。まず、ジャムやプリンの空き容器など小さなガラスビンにソイル系サンドを入れて水草を植えます。これを水を張ったガラス鉢に沈めてメダカを泳がせれば、小さなビオトープの完成です。屋外のビオトープより小型になるので、エサの回数を増やし、足し水をして、水が汚れるようなら水換えをするなど、こまめな世話が必要になることもあります。とはいえ、小規模で気軽に楽しめるのが室内ビオトープの魅力。庭やベランダがなくても、小さな器と水草を用意して、室内で作ってみましょう。

スイレンをはじめ、ビオトープに向いている植物にはさまざまな種類があるので、いろいろな植栽を楽しむことができます。周辺の川や池に自生する植物を植えて野生のクロメダカを飼い、地域の自然を再現するのもいいでしょう。

ビオトープのセット方法

直接土を入れる場合は土の入れ過ぎに注意

ビオトープの基本的な作り方を紹介します。ポイントは土をたくさん入れないこと。土の層が厚くなると、底の方で腐敗が進んでメタンガスなど有毒ガスが発生しやすくなります。植物の固定は石やブロックを利用し、植物に養分を補給したい時は肥料（油粕）を混ぜましょう。

用意するもの

- 水鉢などの容器
- 水生植物用の土
- 油粕
- 植物
- 石

ビオトープのセット手順

1 容器を置き場所にセットする

容器を置く場所を決めてセットします。水平で安定感のある場所を選びましょう。

2 土と肥料を入れる

水生植物用の土を入れ、3〜6cmの深さで、均一になるように底に敷き詰めます。土を敷きながら、植物を植える場所を中心に油粕を混ぜこんでおきます。

3
植物を植える

植物を苗ポットから出して根をほぐし、土に植えます。

4
石を入れる

植物の株元に石を置いて、倒れないように支えます。背の高い植物は風で倒れやすいので、石やブロックでしっかり固定しましょう。

5
水を入れる

土を掘り起こさないように静かに水を注ぎ入れて、容器の中を水で満たします。ジョウロやシャワー放水ができるホースを使うとうまく注水できます。

6
水草を加える

水の濁りが取れるのを待って、水中で育つ水草や浮き草を加えます。ビオトープの完成後、1～2週間して水質が安定してからメダカを泳がせましょう。

ビオトープのメンテナンス

夏はこまめに手入れをしメダカをよく観察する

ビオトープを見映えよく保ち、メダカを元気に飼い続けるためには、メンテナンスが必要です。ビオトープの管理は、季節によって大きく異なります。

水温が高くなる夏は、水中で腐敗が進みやすくなるので、水面にゴミを見つけたら、すぐに取り除きましょう。水中には緑色の藻が多く発生するので、これも定期的に取り除きます。水草の繁殖も旺盛になるので、殖えてきたら古い葉を取り除き、間引きをしておきます。

夏にはメダカの動きが活発になるので、エサを与えてください。また、水温が上がるとメダカは産卵をします。水中の水草を、時々注意して見ておきましょう。卵が産みつけられているかもしれません（繁殖の詳細は104ページ）。水温が高いと水中に溶ける酸素の量が少なくなり、酸素不足をおこしやすくなります。メダカが水面で口をパクパクしていたら、水換えをして日陰に移すか、エアポンプを使って水中に酸素を送りましょう。酸素が不足していなくても、メダカは高温に弱いので、なるべく日陰を作って水温の上昇を防ぎましょう。

大雨や台風の際には、増水で水があふれ、メダカが流れ出してしまうかもしれません。雨が入らない場所に移動するか、フタをして雨水の浸入を防ぎましょう。

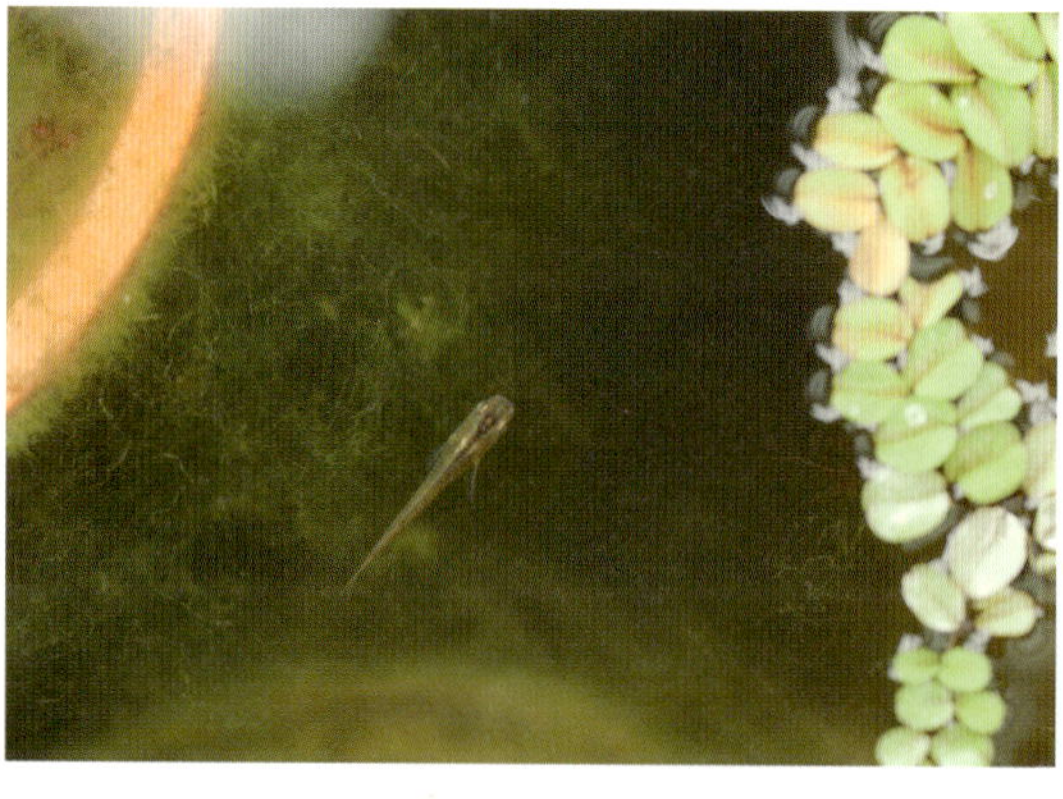

藻（アオミドロ）が発生している水鉢。発生を抑えるのは難しいので定期的に取り除きます。

冬の世話は足し水に留め春から手入れを開始する

冬季はビオトープのオフシーズン。水温が下がるとメダカは底の方でじっとしているので、エサは必要ありません。冬のうちに枯れた植物を整えて、掃除をしたいと思いがちですが、この時期に水中をいじるのはメダカにとってよくないことです。メダカは水底の枯れ葉や植物の株元で寒さをしのいでいるので、少しでも環境が変わると寒さに耐えられなくなることがあります。また、一見枯れているように見える植物も、春になると新芽を伸ばして成長します。冬季の世話は時々足し水をして、水面のゴミを取り除く程度に留めましょう。

冬の間もメダカが泳ぐ姿を見たい時は、メダカだけ室内の水槽に移し、冬期だけ室内飼育に切り替える方法もあります。この場合は、秋の間にメダカを移動しておきます。

植物の手入れは春に行いましょう。メダカが冬眠から目覚めて水面に姿を見せるようになったら、エサを与えます。そして鉢の中のゴミを掃除し、土を掘って油粕を埋め、追肥を行います。鉢に植えた植物を水に沈めている場合は、水中から出して根が絡まっていないか確認し、根が伸びていたら他の鉢に植え換えましょう。植え替えの際に、肥料として油粕を入れておきます。

季節のチェックポイント

春

- □鉢底に溜まったゴミを取り除く
- □植物の根を手入れして植え換えをする
- □藻を掃除する
- □水が濁っている場合は水換えをする

夏

- □水温の上昇に注意。暑い時は日陰を作る
- □水中の藻を取り除く
- □水草をトリミングする
- □台風や大雨の日は雨水が入らないように移動するかフタをする
- □酸素不足の場合はエアポンプで酸素を補充する

秋

- □メダカを室内で越冬させる時は、室内の水槽へ移動する
- □冬眠の準備にエサを与える

冬

- □水が鉢の底まで凍結しないところで管理する
- □時々様子を見て足し水をする

まずはこれから

簡単！ ビオトープの作り方

土に水草を植えるビオトープは手間がかかりそう……そう考えて手をつけられない人もいるのでは。でも、水草に土は必須ではありません。まずは、買ってきた苗ポットのまま作れる簡単なビオトープから始めてみましょう。

水辺の雰囲気と季節の花を同時に楽しむビオトープ

茎の先端が白くなるシラサギカヤツリと、夏に青い花を咲かせるウォーターバコパを使用。底まで石が見える透明感のある水鉢の中を、メダカが涼しげにスイスイと泳ぎます。

材料

- スイレン鉢（10号）
- ゴロタ石（大）
  ※苗ポットが隠れる大きさ　3個
- ゴロタ石（小）
  ※大の半分〜1/3くらいの大きさ　8個
- シラサギカヤツリ
- ウォーターバコパ

鉢底に石を並べる

株元と水面を揃えるために、石で底上げをします。スイレン鉢を置き場所にセットして、鉢底の半分に小さな石を敷き詰めます。

苗ポットを置く

シラサギカヤツリとウォーターバコパを、苗ポットのまま石の上に置きます。メダカが泳ぐスペースを作るためになるべく鉢の縁の方に寄せて置いてください。

石で苗ポットを固定する

２で入れた苗ポットのまわりに大きな石を並べ、苗ポットを固定します。石は苗ポットが隠れるように配置し、崩れないようしっかり置きましょう。

水を入れる

１日汲み置きした水や中和剤で中和した水を、ジョウロやホースで静かに注ぎます。水を張ったらアマゾンフロッグビットを浮かべ、メダカを泳がせます。

スイレンとメダカ

メダカと一緒に花を楽しむ夏の風物詩

夏に大振りの花を咲かせるスイレンは、涼しげで華やかな水辺を楽しめることが大きな魅力。ビオトープを作るならぜひ挑戦したい植物です。

スイレンは夏になると園芸店やホームセンターの園芸コーナーなどで販売されるほか、オンラインショップで入手することができます。

栽培にはスイレン鉢と呼ばれる水鉢が適しています。スイレンは水面に大きな葉を広げるので、口が広い形になっています。直径60㎝以上のものが一般的で、小さいものもありますが、メダカにとってはなるべく水量が多い方がいいので、最低でも直径40㎝以上の鉢を使いましょう。

スイレンの開花には、日光をよく当てることが欠かせません。1日最低でも4～6時間の日照時間が必要です。スイレン鉢は日当たりのいい場所に置くことになりますが、水温が上がりすぎるとメダカに悪影響が出てしまいます。暑い時はすだれをかけて日陰を作るなどして水温の上昇を防ぎましょう。スイレンに必要な日照を確保していると、普通のビオトープより水温が高くなり、水中の酸素が不足しやすくなります。酸素不足の徴候があった場合は、エアポンプで酸素を補充します。電気を引いてくるのが難しい場合は、屋内に置いたエアポンプからエアチューブ(安価で手に入ります)を長く伸ばすといいでしょう。

スイレンは土から栄養を補給するので、肥料として月に一度、油粕1～2粒をスイレンが埋まっている土の中に埋めて追肥してください。

水中の株元に日光が当たることで開花するので、葉が殖えたら株元に光が届くように、古い葉を取り除きます。

スイレンというと暖かい地域の植物というイメージがありますが、販売されているのはほとんどが温帯性のスイレンで、日本でも外で越冬できる種類です。写真は温帯スイレンのアトラクション。

スイレン鉢のセット方法

手入れがしやすいのは小さな鉢を沈める方法

スイレン鉢のセット方法には、スイレン鉢に直接土を入れて植える方法もありますが、植え替える作業が大変になります。ここではスイレンを苗ポットから小さな鉢に植え替えて、水を張ったスイレン鉢に沈める方法を説明します。もっと簡略化したい時は、苗ポットのままスイレンを入れても構いません。

必要なもの

- スイレン鉢
- スイレンを植え替える鉢
- 鉢底ネット
- 水生植物用の土

スイレンの植え替え

1 鉢底にネットを敷く

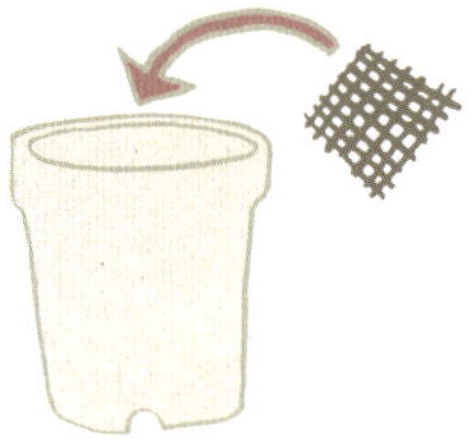

スイレンを植える鉢の底に、土の流出を防ぐため、園芸用の鉢底ネットを敷きます。ネットがない場合は小石などで代用できます。

2 少し土を入れる

水生植物用の土を、鉢の底が3～4cm埋まる程度に入れます。

3 スイレンの苗を置いて土を加える

スイレンの苗を苗ポットから出して土を簡単に落とし、2の中央に置いて、まわりに土を加えていきます。

4 軽く押して安定させる

土を入れ終わったら、上から手で軽く押して苗を安定させます。

スイレン鉢のセット手順

1 スイレン鉢を置き場所にセットする

屋外で日当りがよく、水平で安定した場所にスイレン鉢を置きます。

2 スイレン鉢に水を入れる

ホースやジョウロを使ってスイレン鉢に水を溜めます。

3 スイレンを水に沈める

植え替えたスイレンをスイレン鉢に沈めます。鉢を斜めに傾けて水に入れ、静かに沈めるようにしてください。

4 その他の水草を入れる

スイレン以外の水草を入れる場合は、スイレンの株元に日が当たるように、少なめに入れます。1〜2週間ほどたって水質が安定してからメダカを放します。

メダカと楽しめる水草の種類

多様な選択肢の中から水草レイアウトを楽しんで

水草は、水の中や上に生息する植物の総称。水の中や水面を漂って殖えるもの、水の底に根を張って茎を伸ばすもの、水の中に根を張って茎を水上まで伸ばすものなどがすべて含まれています。最近ではアクアリウムで水草のレイアウトを楽しむ愛好家が増え、水草の専門店も増えています。中には二酸化炭素の供給や肥料が必要で管理が難しい種類もありますが、メダカに向いているのは丈夫で育てやすく、安価で手に入りやすいものばかり。水草の特徴を生かし、小さな水槽や水鉢で自分流のレイアウトを楽しんでみましょう。

浮き草

水面に浮かんでいる水草。浮遊植物とも呼ばれます。水面を覆うため、藻の発生を押さえ、水温の上昇を防ぐ効果があります。繁殖力が強いので、屋外で生育する場合は流出に注意しましょう。

水中で育つ水草

茎を伸ばして成長し、茎の節ごとに葉をつける有茎型の水草、根元から四方八方に葉が伸びるロゼット型の水草などがあります。水中を漂うだけで成長できるもの、根を底砂に埋める必要のあるもの、どちらでも成長できるものと、種類によって育て方や特徴が大きく異なります。

水面に葉を広げる水草

スイレンやハスのように、水の底から茎を伸ばして水面に葉を広げるタイプ。水面に葉が広がると、浮き草と同じ効果が期待できます。美しい花を咲かせるものや、葉の形がきれいなものもありますが、大型になることが多いので、大きな水鉢や池などに向いています。

コケ類

コケ玉が注目されているコケ類。山ゴケや庭に自生しているコケは、石にのせて抽水性の水草の株元などに置くと、和の赴きに。水中で育つ水中ゴケもあり、こちらも石や流木に巻いて定着させると、自然の川の中のような雰囲気を演出できます。

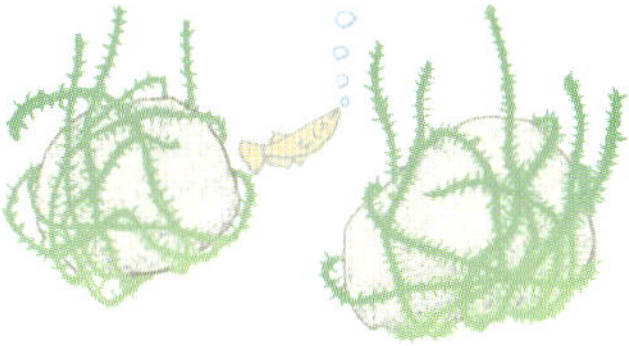

抽水性の水草

水面を超えて水上にまで茎や葉を伸ばす水草。もとは湿地や沼、川の水辺など水深が浅いところに自生している植物です。屋外では特に丈夫に育ち、自然本来の水辺を再現できるので、外のビオトープにはぜひ取り入れたい水草です。

水草を沈める方法

砂利が浅い時や水草の根を埋めるのが面倒な時は、おもりをつけて沈めてみましょう。有茎型の水草も水面に向かってまっすぐ伸びるので見映えがよくなります。

1 水草の根を小石のまわりにまとめます。

2 石と根のまわりに薄くカットしたスポンジを巻きます。

3 2.を木綿糸で巻き、しっかりと縛って完成です。

メダカ飼育におすすめの水草

メダカの飼育に向いているのは、手に入りやすく、管理が簡単で丈夫に育つ水草です。そんな水草の数々を紹介します。

メダカと相性◎

水中で育つ水草

水中で育つ水草はメダカの一番の遊び場所。メスが卵を産みつけることもあります。一口に水中の水草といっても、葉の形や色、育ち方は様々。特徴と生育した姿を踏まえて選びましょう。

カボンバ

金魚藻とも呼ばれる最も目にする機会の多い水草。観賞魚店やアクアリウムを扱うペットショップなら大抵扱っている安価な品種です。完全に水中で育ちますが、夏には水上に白い花を咲かせることもあります。

アナカリス

カボンバと並んで手に入りやすいポピュラーな水草。水中を漂いながら茎を伸ばしていく有茎型。普通に管理しているだけでどんどん増えていくので、時々間引く必要があります。

マツモ

葉の形が松葉に似ていることからこの名前がつきました。根を持たず、水面の下を漂い、葉のつけ根から新芽を伸ばして枝分かれして殖えていきます。折れた茎からも芽を出して増えていくことができます。

キクモ

水中に丸く広がる葉が菊の花に似ていることからこの名前で呼ばれています。細くて柔らかい葉が特徴です。水中で育ちますが、水上に葉を伸ばし、薄紫の花を咲かせることがあります。

クロモ

茎にたくさんの節があり、葉を輪生する有茎型の水草です。日本の沼地などにも自生しています。屋外では、冬は越冬のための芽を残して枯れてしまいます。

ウィローモス

水中ゴケの仲間。細い茎に細かい葉が密生しています。そのまま水中に浮かべることも、石や流木に巻くこともできます。自然に近い雰囲気を演出したい時におすすめです。暗いところでも育ちます。

ハイグロフィラ・ロザエネルヴィス

水中の葉は葉脈が白く、頭頂部付近の葉だけが赤～ピンク色になります。葉が水上に出てしまうと、赤くなりません。水中で根を張って茎を伸ばします。

スクリューバリスネリア

テープのような薄い葉がねじれているのが特徴のロゼット型の水草。環境が合っていれば、子株を作って殖えていきます。草丈は60cmまで伸びるので、小型水槽では成長に応じてカットすることが必要です。

ラージリーフ・ハイグロフィラ

7〜10㎝の大きな葉をつける有茎型の水草。水底から茎をまっすぐ伸ばし、たくさんの葉をつけて伸びていきます。水中では鮮やかな緑色ですが、水上に葉を出すと濃い緑色に変化します。

ロタラ・ロトンディフォリア

丸い葉をつけてまっすぐに茎が伸びます。水中の二酸化炭素が多い時は、茎と葉の先端が赤くなるので、全体が赤みを帯びて見えます。

アマゾンチドメグサ

硬くて丸い葉が特徴の南米産の水草。水底に植えると斜めに伸びて成長し、水面に達すると葉を水面に浮かべます。水面に浮かべておくだけでもいいので、簡単に育てることができます。

ウォーター・ウィステリア

葉の形がユニークで、葉の長さは10～15cmとかなり大きくなります。根から養分を吸収して育つタイプの水草なので、栄養分の多い砂利などに植えて育てます。

ミクロソリウム

明るい緑色の葉を伸ばす水生シダの仲間です。石や流木にも根を絡ませて固定できるので、砂利に埋めるほか、さまざまなアレンジに応用することができます。

メダカの隠れ家
水面に浮かぶ浮遊植物

メダカの隠れ場所になるうえ、屋外では日の光をさえぎり、水温が上昇するのを防ぐ効果も期待できます。管理も簡単ですが殖えやすいので、水面を覆いつくす前に時々間引きをしましょう。

ホテイアオイ

浮遊植物の代表的な品種。黒く長い根を水中に伸ばし、葉の一部を膨らませて水面に浮かんでいます。夏には青紫の美しい花を咲かせます。冬は茶色く枯れて越冬し、春になると新芽を伸ばします。

アオウキクサ

１枚の葉は５〜６㎜と、とても小さな水草です。葉は３枚くらいで、それ以上になると分かれてどんどん殖えていきます。繁殖力が強いので増えすぎないよう注意が必要です。

アマゾンフロッグビット

丸く厚みのある葉が特徴。日当たりのいい環境が向いています。蛍光灯の下では小さめに育ちますが、屋外では５㎝くらいになることも。夏には６〜７㎜の小さな白い花を咲かせます。

水辺の風情を演出

水上に伸びる抽水植物

水面を突き抜けて茎や葉を伸ばす植物の仲間です。屋外で楽しむビオトープに最適です。使い方次第で、自然の水辺のような瑞々しい水景を作ることができます。

ナガバオモダカ

茎をまっすぐ伸ばし、15～20㎝の細長い葉をつけます。寒さに強く、屋外でも凍らない限り越冬が可能です。夏には小さな白い花をいくつも咲かせます。

ウォーター・マッシュルーム

キノコのような形がかわいらしい水草。水中でも土の上でも育つことができます。水槽の中で中景草にしたり、ビオトープで水上に伸ばしたり、さまざまな形で応用できます。

ヒメホタルイ

円柱型の細長い葉を伸ばします。夏には1本にひとつずつ葉先に穂をつけます。多年草で育てやすく、ビオトープで個性的な花に添えたい時や、高さを出したい場合に最適です。

彩りを添える
花が咲く浮葉植物

水面へ茎を伸ばし、葉を広げる浮葉植物。そんな中でも特に花が美しく、花をメインに楽しめる種類を紹介します。水鉢に１種類加えるだけで、華やかなビオトープが完成します。

温帯性スイレン

温帯地域原産のスイレンです。低温にも強く、冬でも水面が凍る程度なら屋外で越冬させることができます。花の色にはピンク、白、赤、オレンジ、黄があります。

熱帯性スイレン

熱帯地域原産のスイレン。水上に茎を伸ばして開花するのが特徴です。花色は温帯性スイレンの色に加えて、青や青紫もあります。日本の気候では越冬できませんが、初夏から秋にかけて花を楽しむことができます。

ヒメスイレン

温帯性のスイレンの中でも小ぶりなものをヒメスイレンと呼びます。スイレンは大きく葉を広げるため、通常大きくて深いスイレン鉢が必要ですが、ヒメスイレンなら直径40cm程度の水鉢で育てることができます。

ウォーターポピー

スイレンに似た丸い葉を水面に広げます。夏には6～7cmの黄色い花を咲かせます。ミズヒナゲシとも呼ばれ、その名の通りポピーに似た花を咲かせます。

Part

4

もっと知りたいメダカあれこれ

小さな小さなメダカにも、
実はたくさんの秘密があります。
飼っているうちにわからなくなることも、
飼っているだけではわからないこともあります。
そこで、基本から一歩踏み込んだ飼育ノウハウと、
知って楽しいメダカの豆知識をご紹介します。

メダカの体

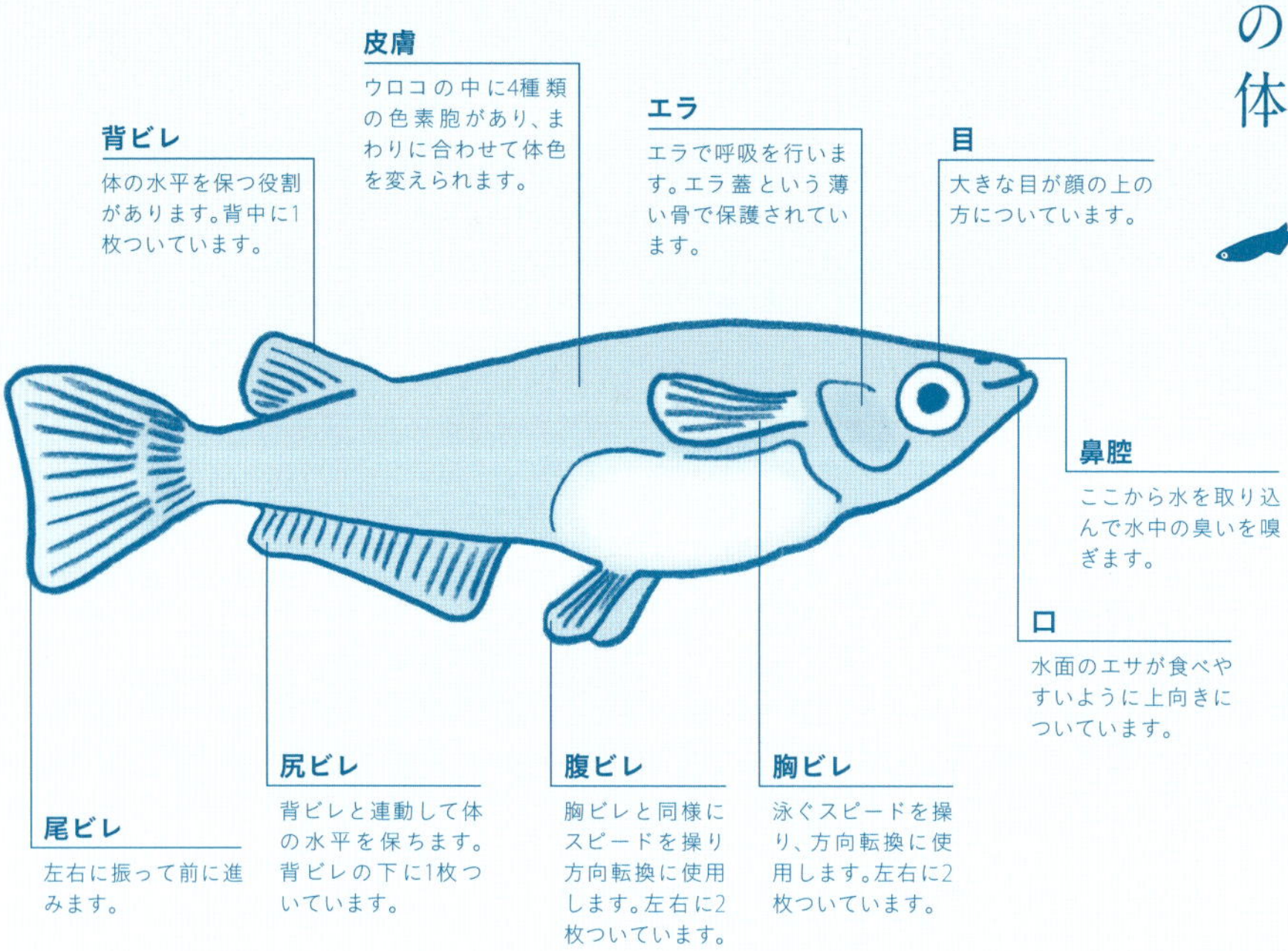
皮膚
ウロコの中に4種類の色素胞があり、まわりに合わせて体色を変えられます。
背ビレ
体の水平を保つ役割があります。背中に1枚ついています。
エラ
エラで呼吸を行います。エラ蓋という薄い骨で保護されています。
目
大きな目が顔の上の方についています。
鼻腔
ここから水を取り込んで水中の臭いを嗅ぎます。
口
水面のエサが食べやすいように上向きについています。
尾ビレ
左右に振って前に進みます。
尻ビレ
背ビレと連動して体の水平を保ちます。背ビレの下に1枚ついています。
腹ビレ
胸ビレと同様にスピードを操り方向転換に使用します。左右に2枚ついています。
胸ビレ
泳ぐスピードを操り、方向転換に使用します。左右に2枚ついています。

大きな目に立派なヒレを持つ淡水魚

野生では、東北から九州・沖縄の池や川に幅広く分布しているメダカ。全長約4㎝のとても小さな魚ですが、泳ぐのが得意で、非常に速くスイスイ泳ぎます。そんなメダカの体を見てみましょう。

一番の特徴は、名前の由来にもなっている目。体のわりに大きな目が顔の上の方についています。この目が真上から見た時に飛び出して見えるので、「目高」と書いてメダカと呼ばれるようになりました。また、口は顔の上の方に、上向きについています。これらの特徴は、水面に落ちているエサを見つけ、食べやすくするためです。

オスとメスのちがい

オスのメダカ

メスのメダカ

背ビレ

オスだけが背ビレの下に大きく切れ込みが入っています。

体型

メスは丸みをおびており、オスは比較的シャープな体型です。

腹部

オスは平らですが、メスは膨らんでいるのがわかります。

尻ビレ

オスはメスよりも大きく四角い形をしています。

腹ビレ

オスよりメスの方が丸くて大きい腹ビレを持っています。

生殖器

オスはお腹の下に精子を出す生殖口がありますが、ほとんど目立ちません。メスはお腹の下に卵を産む生殖口があり、そのまわりにふくらみがあって突起のように見えます。

メダカにとって、水面に浮かぶ人工飼料は見つけやすく、食べやすいエサなのです。

また、メダカの体には速く泳ぐために大きなヒレがついています。メダカの学名*Oryzias latipes*は「稲のまわりにいるヒレの広い魚」という意味。背ビレが体の後ろの方についていることも特徴的です。

背ビレと尻ビレの形はオスとメスで大きく異なり、ヒレの形から見分けることができます。よく見ると体の形も違います。購入する時にはオスかメスかを選ぶことはほとんどできませんが、メダカを飼ったらヒレをよく見てみましょう。オスとメスが混ざっていれば、繁殖させて殖やすことができます。

メダカの一生

飼育下のメダカの寿命は野生のメダカの約2倍

メダカはどのくらい生きるのでしょうか。野生のメダカの寿命は約1年から1年半といわれています。これが飼育下では、およそ2年、長ければ3年以上生きるそうです。自然の中では、季節によって移り変わる水温の変化に耐える必要があり、エサも探さなくてはなりません。ヤゴやタガメ、ミズカマキリなど、メダカの天敵も存在します。一方、飼育下では、水槽で飼われていれば水温は安定し、エサも定期的に与えられます。ここまで環境がよくなると、野生にいるメダカのおよそ2倍も長生きすることができるのです。

春〜夏に生まれた稚魚が翌年から繁殖を開始

メダカの繁殖サイクルを通してその一生を見ていきましょう。メダカの繁殖期は4〜9月。1回の産卵で約10個、大きいメスは30個の卵を産み、1シーズンで1匹のメスが5〜10回産卵します。卵は受精後10〜15日で孵化しますが、孵化にかかる日数は水温によって変わります。水温が高ければ短くなり、低ければ長くなるといわれています。

水草などに産みつけられたメダカの卵は約1㎜。肉眼でも確認できますし、ルーペで見れば卵の中の様子もわかります。孵化直前の卵の中では、孵化に備えて時々くるくると回転する様子が見られます。

卵からかえった稚魚は、お腹に卵黄の一部がついていて、エサを食べなくてもここから栄養をとって生きていける状態です。1〜2日でこの卵黄がなくなり、一生懸命泳いでエサを探し始めます。稚魚の時には個別のヒレがなく、すべてつながっている状態ですが、成長するにしたがって次第にその形がはっきりします。やがて、オスかメスかの区別がつくようになり、メスは体長2㎝を超えたあたりから、卵を産めるようになります。

成長したメダカは、生まれた年の翌年から産卵を始めます。したがって、野生下では1年ごとに世代交代を繰り返していることになります。

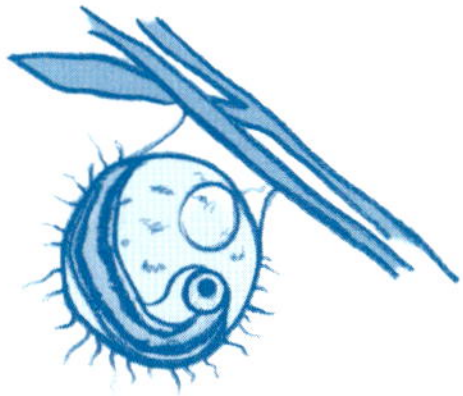

1 孵《ふ》化《か》直前の卵

卵の中で徐々に魚の形になり、孵化が近づくと、中でくるくるまわって動いているのが確認できるようになります。

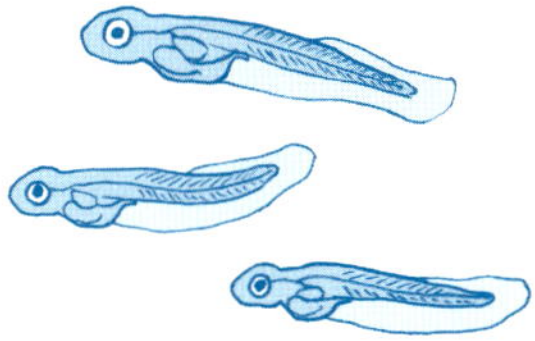

2 孵化直後(仔魚)

全長約3㎜のメダカの赤ちゃんの誕生です。体全体がヒレに覆われ、ヒレが分かれていない状態で生まれてきます。

3 稚魚

仔魚から少し成長すると、背ビレ、尾ビレ、尻ビレ、胸ビレなど、それぞれのヒレの形がはっきりとわかるようになります。

4 幼魚

生後約1ヶ月が経ち、稚魚から成長すると、よりメダカらしい外見になります。この頃から、雌雄の区別がつくようになります。

5 若魚

幼魚が大きくなって、ほぼ大人のメダカと変わらない外見になります。ただ、繁殖はまだできない段階です。

6 成魚

3〜4カ月で繁殖ができる大人のメダカに成長します。春〜夏になるとオスがメスに対して求愛行動をとり、産卵するようになります。

メダカの行動

Action.1

水面で口をパクパクする

水中の酸素が不足して苦しくなったので、空気中から酸素を取り込もうとして行う行動です。発見したら速やかに対処しましょう。

Action.2

呼ぶと水面に上がってくる

エサを与える際に、声をかけたり容器の縁を軽く叩くなど、音をたててから与えると、エサと音の関連性を覚えて、音がするだけで水面に上がってくるようになります。

Action.3

下の方でじっとしている

水温が下がって冬眠のような状態になっています。水温が高いのに下でじっとしているのは、体調が悪く元気がない状態。病気がないか注意深く観察しましょう。

飼っていて楽しい行動と特に注意したい動作

メダカを飼っていると見かける機会のある行動を紹介します。飼っている上で、一番楽しいのは音を覚えて寄ってくることでしょう。エサを与える時、いつも同じように声をかけたり音を出したりしていると、それを覚えて音がしただけでも水面に寄ってくるようになります。懐いているようでかわいく思いますが、エサのやり過ぎには注意しましょう。

気をつけたい行動は、水面で口をパクパクする動作。これはエサが欲しいわけではなく、水中の酸素が不足して、苦しくて行っているものです。メダカの数が多すぎることも考

Action.4

群れで行動する

野生では群れを作って行動するので、池などでたくさんのメダカを飼っていると、群れになって団体で泳ぎます。

Action.5

水流と逆方向に泳ぐ

メダカはもともと川に住む淡水魚。川の中で流されないよう、流れに逆らって泳ぐ性質があります。強い水流は苦手です。

Action.6

ぐるぐる回る

体調が悪い時、ストレスがある時は、水槽の中をぐるぐる回るように泳ぎます。刺激を与えず、注意深く見守りましょう。

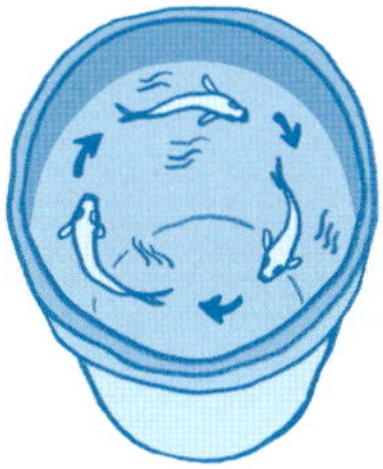

えられるので、エアポンプで酸素を送るか、水換えをして、メダカを別の容器に分けて飼育する必要があります。

外で飼育していて冬に水温が下がってくると、メダカは底の方に沈み、じっと動かなくなって冬眠状態になります。ただ、水温が高いのに底の方でじっとしている場合は、病気や体調不良が考えられるので、病気になっていないか、水質が悪くなっていないか確認しましょう。

また、ほかの魚と同様、水面の上にジャンプをすることもあります。気がつかない間に水槽から飛び出してしまわないよう、水槽にフタをするか、浮き草を浮かべて飛び出しを防止しましょう。

メダカの繁殖

まず繁殖に備えて条件を整える

　メダカはとても繁殖力が強く、屋外では何もしなくても増えることがあります。自然な状態で育てる屋外のビオトープでの飼育では、メダカが順調に増えているか、数を変えずに世代交代しているようであれば、それは理想的な状態です。でも、メダカは元気なのに子メダカが生まれないという場合や、水槽で飼育していて繁殖させたいという時は、メダカが繁殖しやすい条件を整えてあげましょう。

　最低限必要な条件は、水温です。メダカはもともと春〜夏にかけて繁殖するので、メスのメダカは水温が12〜15℃以上になってから卵を産み始めます。冬でも水温をこのくらいに保っていると、普通に卵を産んで繁殖することができます。また、ある程度光が当たることも必要です。産卵をさせたい時は、長めに(目安は1日13時間)照明を当てましょう。ただし、いくら水温が高くて光が当たっていても、メダカの状態がよくなければ、繁殖はできません。日ごろからいい水質を保ち、メダカが健康に過ごせる環境を作っておきましょう。

　メスのメダカは、お腹からぶら下がっている卵を水草などに絡ませて産み落とします。繁殖をさせたい時は、メダカが産卵しやすいように水草を入れておきましょう。水草の代わりに、メダカの産卵床として販売されている「シュロ」を利用してもいいでしょう。また、卵が生まれた時に備えて、稚魚用の水槽とエサも用意しておきます。卵を見つけたら、親と別の水槽に移す必要があります(詳細は106ページを参照)。

　産卵に必要な条件が整っていてもメダカが増えない時は、親が生まれた卵を食べている可能性があります。その場合は水草を増やして卵が隠れられるようにしましょう。

メダカの産卵は早朝に行われる

　メダカの産卵は、オスの求愛行動から始まります。オスはメスの前でヒレを大きく広げて求愛します。メスが求愛を受け入れると、寄り添って泳いだ後、体を交差させます。メスが卵を産み始め、オスが尻ビレでメスの体を押さえて精子をかけます。受精が終ると、オスとメスは離れ、メスはしばらくお腹に卵をぶら下げて泳いだ後、水草などに絡めて産み落とします。メダカの産卵と受精は大抵早朝に行われるので、産卵を見たければ、朝のまだ暗い時間に起きる必要があります。

新しい品種に挑戦？ 交配の楽しみ

繁殖が簡単なメダカは、交配を繰り返して新しい品種を作ることもできます。実際にメダカの改良品種の交配に挑戦している人は多く、メダカの品種は加速的に増えて、正確な数はわからないほどになっています。

新しい品種を作ることだけが交配の目的ではありません。その品種の特徴をきちんと備えているメダカを増やし、品種の特徴を固定していくことも、交配の楽しみ方のひとつです。興味があれば、クロメダカやヒメダカなど、一般的なメダカの繁殖に慣れてから、ヒカリメダカなどの新しい品種に挑戦してみましょう。珍しい品種の中には、ダルマメダカなど飼育が難しいものや、アルビノメダカなど繁殖が難しいメダカもいます。最初は無理をせず、徐々にステップアップしていきましょう。いつかオリジナルのメダカの品種を作ることも、夢ではありません。

用意するもの

水草

メダカは水草に産卵します。産卵にはカボンバやホテイアオイなどが適しています。

シュロ

シュロの木の皮の繊維を煮てアク抜きをして、紐などで縛ったもの。メスが卵を産みつけます。

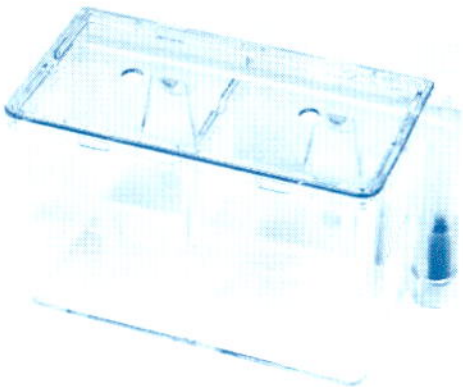

孵化用の水槽（産卵箱）

卵を隔離するために、孵化のための水槽を用意します。専用の商品（産卵箱）もあります。

稚魚用のエサ

粒子が細かく、栄養価の高い稚魚専用のエサを用意しましょう。

子メダカの世話

卵を見つけたら別の容器に移して孵化を待つ

メダカを何匹か飼っていると、特に繁殖を意識していなくても、水草などに生みつけられた卵を見つけることがあります。卵をかえして稚魚を育てたいと思ったら、まず稚魚用の水槽を用意し、卵を水草ごと移しましょう。そのままでは、親のメダカが卵をエサと間違えて食べてしまいます。同じ水槽の中で、アクリル板などで仕切ってもいいでしょう。

卵を無事に孵化させるためには、水温を一定に保ち、必要な酸素が不足しないように気をつけましょう。十分な水量の容器で育てて、水質が悪化しないように、親メダカの水槽と同様に水換えを行います。卵が順調に育っていれば、孵化直前にはルーペでメダカの赤ちゃんが動いているのを見ることができます。卵が受精してから孵化するまでの日数の目安は、水温が20℃なら12.5日、25℃なら10日となります。

残念ながら順調に育たなかった卵は、水カビが生えて白く濁ってしまいます。そんな卵をひとつでも見つけたら、ほかの卵に移らないようにすぐに取り除きましょう。無事な卵が残っているうちは、エアレーションで水中の酸素を増やしたり、水の量を増やしたりして、卵にとっていい環境を整えてください。一日に一度、卵の様子を確認することも大切です。

水草に産みつけられたメダカの卵。この後、どんどん発生が進み、受精後1週間で魚の形が確認できるようになります。

子メダカは隔離したまま大きくなるまで育てる

卵から孵化したばかりの稚魚は、1〜3日間、水の底でじっとしています。この間は腹部についている卵黄から栄養を得るので、エサは必要ありません。卵黄の栄養がなくなると、エサを求めて水面に現れます。水面を泳いでいる姿を見つけたら、稚魚用のエサを与えましょう。毎回食べきれる量を少しずつ与えます。まだ一度にたくさん食べることはできず、2〜3時間で消化してしまうので、できる限りこまめに与えてください。ビオトープで飼っていて水中の微生物を食べられるようであれば、1日1〜2回にして様子を見ましょう。

孵化後2日目の稚魚。水面の近くを泳ぐので、屋外では雨による増水で流されないよう注意が必要です。

稚魚はそのまま親から隔離して育てて、確実に親に食べられない大きさ（親の口に入らない大きさ）になってから親と同じ水槽に戻しましょう。また、成長段階の異なる稚魚を一緒にすると、大きく育った方が小さい方を食べてしまうことがあります。成長ステージが異なる卵や稚魚は、同じ容器で飼わないようにしましょう。

　ビオトープで飼っていると、自然にメダカが殖えていることがあります。卵や稚魚が水草の陰に隠れたまま、親に見つからずに成長することができるからです。メダカを殖やしたくなかったら、オスとメスを分けて飼育するしかありません。また、数が殖えすぎたと思ったら、成長した稚魚を人に譲るといいでしょう。メダカなら、もらい手も見つけやすいはずです。一番やってはいけないことは、川への放流。その地域の野生のメダカ独自の遺伝情報を乱すことになるのでやめましょう。

上から見た稚魚の姿。屋外のビオトープでは、春から夏にかけて、突然水面に稚魚が現れることも少なくありません。

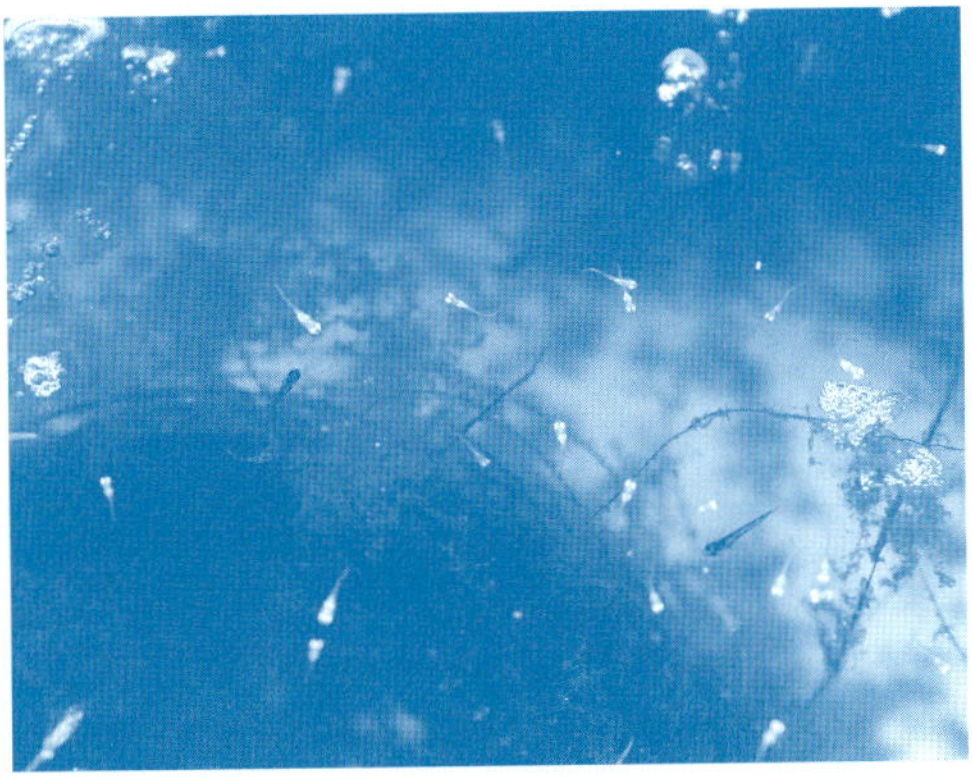

メダカの病気

水質に注意して予防を第一に考える

メダカが病気になる原因は、ほぼ水質の悪化です。水質が悪くなってメダカの体力が落ちたところに、細菌や寄生虫が入って病気が発生するのです。メダカなど観賞魚の病気を治療する薬も市販されていますが、治療が難しい病気もあるので、日頃から予防に徹することが大切です。

予防策として、メダカの世話と水槽の管理を正しく行いましょう。水換え、砂利やフィルターの掃除は必ず定期的に実施してください。エサはメダカが2〜3分ほどで食べきれる量に留め、食べ残しのないようにします。フィルターは1カ月に1度を目安に洗いましょう。そして、日頃からメダカをよく観察しておきましょう。少しでも気になることがあったら、病気かどうか調べて治療を開始してください。進行の早い病気もありますし、大抵の病気は治療しないでいるとメダカを確実に死においやります。ほかのメダカへの感染を防ぐためにも、気になるメダカがいたら、別の水槽に移しておきましょう。

新しくメダカを追加する時も要注意。病気を持ち込まないよう、別の水槽でしばらく飼って様子を見るか、メチレンブルーなどで薬浴させてから加えるようにしましょう。メチレンブルーは治療薬として市販されていて、病気の予防にも役立ちます。

病気を発見したら薬浴で治療を

メダカの病気は市販の治療薬や塩水で治療します。市販薬は説明書に定められたとおりに水に溶かし、その中に病気のメダカを泳がせて薬浴させます。塩水も有効です。0.5〜1%の濃度の塩水(作成する際は、必ず中和剤を加えた水を使用してください)を用意し、治療薬で薬浴する前に塩水浴をさせると治療の効果が上がります。メダカは塩水に適応できるといわれますが、個体差が大きいので、治療の際は半日〜1日かけて、徐々に濃度を上げるようにしてください。

メダカに多い病気を左にあげました。注意して観察して下さい。

メダカの主な病気

✚ Karte.1

白点病

症状：体に白い点が表れ、急速に増加する。魚が石や流木に体をこすりつける。

原因：体表に繊毛虫が寄生して発症する。

治療：0.5～1%の濃度の塩水に移した後、白点病用の治療薬を投与して治療する。水温を徐々に上げて30℃にする。

✚ Karte.2

尾ぐされ病（カラムナリス症）

症状：ヒレの先端が充血するか、溶けていきボロボロになる。

原因：細菌の感染による。

治療：0.5%の濃度にした塩水に移した後、グリーンFゴールドで薬浴する。ヒレの腐りかけている部分をハサミでカットする。

✚ Karte.3

水カビ病（綿かぶり病）

症状：体表から3～10㎜の白い綿毛のようなものが伸びる。

原因：魚の体表の傷に水カビが付着することによる。

治療：0.5～1%の濃度の塩水に移した後、メチレンブルー、アグテンなどの治療薬を投与する。ピンセットで綿毛状の菌糸を除去する。

✚ Karte.4

マツカサ病（エロモナス病）

症状：体全体のウロコが逆立ってマツカサのようになり、体が膨らむ。

原因：ウロコの間に細菌が感染することによる。

治療：グリーンFゴールド、パラザンD、エルバージュエースなどの治療薬で薬浴する。

飼い方別注意ポイント

●室内で飼う場合

室内では、水槽は日光が当たり過ぎない場所に置きましょう。日当たりのいい場所ではすぐにコケが発生します。直射日光が降り注ぐ窓辺は避け、カーテン越しのやわらかい光が当たる場所に置きましょう。水槽の中が見えにくければ、水槽用の蛍光灯をとりつけます。日の当たり過ぎだけでなく、エサの与え過ぎも水質悪化とコケの発生につながります。ついエサを与え過ぎてしまわないよう、気をつけてください。

真夏に部屋を閉め切って出かけると、室内でも水温はどんどん上昇します。もし水温の上昇でメダカの調子が悪くなっていたら、水温を下げる必要があります。冷房をつける以外の方法としては、①フタを開けて代わりに浮き草を浮かべる、②部屋の風通しをよくする(窓を開けて風通しをよくするか、換気扇をまわす、扇風機を水槽に向けてあてる)、③水槽用の小型ファン(扇風機)を利用する(アクアリウムショップで手に入ります)、④日光が入る窓にすだれをかける、などがあります。

日常の管理として、小さな容器で飼育している場合は水が汚れやすいので、こまめな水換えが必要です。メダカの様子を見て、週に2～3回行うなど、回数を増やしましょう(水換えについては24ページを参照)。

直射日光が当たり続ける窓辺は避けて

注意ポイント

- 小さな容器はこまめに水換えをする
- 直射日光の当たらない場所に置き、光量が足りない時は1日8時間ほど照明を当てる
- 真夏は水温の上昇に注意

ベランダで飼う場合

集合住宅でベランダに水鉢を置く時は、管理規約にしたがって、火災の際の非難壁をふさがない場所に置きましょう。また、水換えなどを行う際は、隣のベランダに水が流れて行かないように注意してください。ベランダの排水溝が詰まったり、臭いが発生すると、隣人との思わぬトラブルに発展するかもしれません。汚れた水を排水溝に流した後は、きれいな水を注ぐなどして、詰まりや臭いの原因にならないようにしましょう。

高層階のベランダにも、水辺があると虫や鳥などがやってくる可能性があります。鳥は水を飲むか、水浴びをするためにやってきますが、頻繁にくる場合はネットでカバーなどしておきましょう。また、トンボがやってきて卵を産みつけると、トンボの幼虫のヤゴがかえり、メダカを食べてしまいます。ヤゴを見つけたら、すぐに取り除いてください。タガメなどの水生昆虫も同様です。

季節の管理としては、夏は水温の上昇に注意し、直射日光が当たり過ぎていたら、日陰に移動するかすだれなどをかけて日光を防ぎます。冬は凍結に注意しましょう。表面に薄く氷が張る程度なら問題ありませんが、底の方まで凍るとメダカが死んでしまうので、凍結の可能性がある地域では、鉢ごと屋内に移動するか、メダカを室内の水槽に移して越冬させる必要があります。

ネットやフタで鳥、虫などの外敵を防いで

注意ポイント

- 水鉢で避難壁をふさがないようにする
- 夏は日光の当たり過ぎに注意
- 冬は水が底まで凍らないかチェック
- 鳥・虫など外敵に注意

庭で飼う場合

庭の飼育で最も注意したいのは、水鉢にやってくる生き物です。庭の水辺に生き物が集まってくると、まさに小さな生態系が出来上がっているようで、自然の情景を楽しむことができます。ですが、一部の水生昆虫はメダカを食べてしまうので注意が必要です。トンボが飛び回る水辺は見ていて気持ちのいいものですが、トンボが秋に水鉢に産卵すると、孵化した幼虫(ヤゴ)が越冬し、春に成長して大きくなるとメダカを食べてしまいます。ヤゴは屋外のビオトープで遭遇する可能性が高いので、春先には注意して見ておきましょう。また、タガメ、ミズカマキリ、コオイムシのような水生昆虫もメダカを食べてしまいます。水中に昆虫を見つけたら、種類が何であれ、メダカの鉢からは取り除きましょう。カエルは水辺に集まる虫を食べに来ているだけなので、気にならなければそのままでも大丈夫です。カラスやスズメなどの鳥も、飛来することがあります。その目的は水浴びや水を飲むためですが、水辺に住むカワセミなどは、メダカを食べることがあります。被害があったら、ネットを張るなどして保護しておきましょう。

夏になったら、直射日光が当たって水温が上がり過ぎないように注意してください。水温が上がってメダカが弱っている時は日陰に移動するか、す

雨が多い日はフタをするか場所を移動して増水に備えて

注意ポイント

- メダカの近くで殺虫剤を使用しない
- 鳥・虫などの外敵に注意
- 大雨、台風の際は水の溢れに注意
- 真夏、真冬は温度変化に気をつけてよく観察を

だれなどを利用して日を遮る必要があります。

　また、夏になると庭で殺虫剤を使う機会も増えますが、メダカの鉢の近くでは使わないようにしましょう。蚊取り線香なども、水に溶け込んでメダカの害になるので気をつけてください。そもそもメダカの水鉢では、ボウフラをメダカが食べるので、蚊は発生しにくいものです。

　台風や大雨にも要注意。水が増量して鉢から溢れると、メダカも一緒に流されることがあります。特に、メダカの稚魚は水面を泳ぐことが多いので、雨が降り込まない場所に移動するか、フタをしておきましょう。

　秋から冬にかけては、水生植物の枯葉や、庭木の落ち葉などが積もります。落ち葉は水温が低い時期には中で腐ることはないので、そのままにしておいても影響はないものです。むしろ、水温の低下を防ぎ、メダカが落ち葉に隠れて越冬しやすくなります。春になって水温が上がってきたら取り除く必要がありますが、冬はあまりに多い場合や、気になった部分だけ取り除きましょう。

　冬になると、メダカは底の方に沈んで冬眠状態になります。エサやりなどの世話はなくなりますが、時々様子を見て、蒸散で水が減っていたら中和水を入れて足し水をしましょう。また、水が底まで凍結する可能性がある時は、鉢を屋内に移動するか、メダカを室内の水槽に移して越冬させてください。

メダカの鉢・池にやってくる生き物

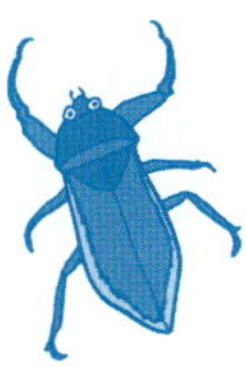

タガメ
メダカを食べるので、取り除く必要があります。

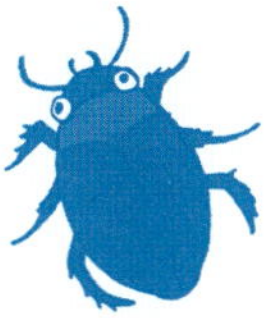

ゲンゴロウ
生きているメダカを食べることはありません。

トンボ、ヤゴ
トンボの幼虫のヤゴはメダカを食べるので要注意。

カエル
虫を食べにきているので、メダカは食べません。

メダカの豆知識

宇宙で生まれた宇宙メダカ

メダカはその飼いやすさと、繁殖しやすいこと、卵や体の透明度が高く観察しやすいことから、実験動物としてもよく利用されています。

そんな中、1994年に打ち上げられたスペースシャトル・コロンビア号に乗って、4匹のヒメダカが日本から宇宙に行きました。この時、日本人宇宙飛行士として向井千秋さんも搭乗しています。

宇宙では、メダカが宇宙で産卵行動をとれるかどうか、また宇宙で生まれた卵が無事に発生できるかが実験されました。その結果、交尾と産卵活動が観察され、43個の卵が確認されました。そしてそのうちの8個が無事に孵化。この時、メダカがセキツイ動物として初めて、宇宙での繁殖に成功したのです。

この宇宙で生まれたメダカの子孫は今でも日本で大切に繁殖されていて、「宇宙メダカ」と呼ばれています。

その数、2000語以上？メダカの方言いろいろ

水田で見かける機会が多く、日本で古くから親しまれてきたメダカは、全国各地でさまざまな名前で呼ばれてきました。その方言の数は合計2000種以上あるといわれています。4000を超えるのではないかという説もあり、いかに各地で昔からメダカが親しまれてきたかがうかがえます。その一部をご紹介します。

東北：アカサンビザッコ（秋田県）、イチネンビヤー、キャーザッコ（岩手県）、アソビジャコ、アメフリジャッコ、ウルメ（青森県）、デメッコ（宮城県）、ウキコ、メダコ（山形県）、ザッコ、ハリミズコ（福島県）

関東：ウキメ(栃木県)、テンジョーザコ(茨城県)、ウキョンゴ(群馬県)、ウキメンコ(埼玉県)、メタガ、メダカ(東京都)、アビッコ(千葉県)

信越：ウギョコ(新潟県)、メザコ(山梨県)ウキス、キスッコ(長野県)

北陸：カタチン、ヒャーノコ、グンギョ(石川県)、イサザッコ、スーヨ(富山県)、アマタゴ(福井県)

東海：アメンボー、ウタッコ、チンチンコメ(静岡県)、アトハエ、イキス、ウキーンス(愛知県)

関西：ウキビンコ、カッチンコ、ヒビンコ(兵庫)、ドンバイコ、ウキ、オキンタ(京都府)

中国：アミンゴ、ウキチョー(岡山県)、イーサダ、タイチンボ(広島県)、カンカンビイコ、ネンブー(鳥取県)

九州・沖縄：ミサゴ、メッダゴ(長崎県)、カワクジラ(福岡県)、アブラメン、ヒッタカ(鹿児島県)、ターミングゥ、タカガミ(沖縄県)

メダカで米作りが見直され環境を守るきっかけに

メダカはかつて、水田では当たり前に見ることのできる魚でした。それが水田の減少により数が減っていき、一部の地域の個体群が絶滅の危機にさらされたため、2003年には絶滅危惧種として指定されました。

田んぼで度々農薬を使用すると、メダカは姿を消してしまいます。そこで、農薬の使用量を極力減らし、メダカが暮らせる田んぼでお米を作ろうという取り組みが、全国各地で始まっています。その土地のメダカを守ることが、ホタルなど水田に集まる他の生き物を守ることになり、地域の環境の保全につながるためです。メダカがいる田んぼで作られたお米は、「メダカ米」として販売されています。メダカをキーワードに作られる、環境にやさしく安全なお米。一度は味わってみたいものですね。

メダカの歴史

観賞の歴史は18世紀からスタート

メダカは外来種ではなく、もともと日本に生息していた魚です。では、どのくらい前から日本にいたのでしょうか。さまざまな研究から、数百万年前からいたことがわかっています。正確な年数には諸説があり、はっきりされていないのが現状です。

そんなメダカが観賞魚として飼われるようになったのは、近世になってから。17世紀の職業を紹介する文献「人倫訓蒙図彙」の中で、水を張ったタライに観賞用の魚を入れて売り歩く職業の記述があります。この魚を子どもたちが買い求め、水鉢に入れて飼っていたと書かれています。この魚がメダカかどうかは定かではありませんが、18世紀になると、メダカについて記述された文献が急速に増えていきます。当時は、平たい水鉢にセキショウを植えて、そのまわりをメダカが泳いでいる姿を上からのぞいて観賞するのが主流でした。メダカ売りも存在しましたが、自分でメダカを捕る人も多かったようです。1764～72年ごろには、浮世絵師・鈴木春信が「めだかすくい」という絵を描きました。この絵の中では、ふたりの女性が、川の浅瀬で網と鉢を持って、メダカすくいをしている様子が描かれています。

また、天明年間に書かれた随筆「譚海」の中にはメダカの飼い方に関する記述があり、メダカを飼うことが確実に浸透していたことがうかがえます。その飼い方には、冬は飼っている器に石を入れてメダカが隠れる場所を作り、器を土の中に埋めて、フタをして静かに置いておくこと、とあります。時々フタをあけて足し水をして、春に暖かくなってメダカが動き出したら、掘り出して暖かなところに置いていたようです。

また、このころの魚の図鑑には野生のクロメダカのほかに、ヒメダカやシロメダカも記載されており、かなり昔からメダカの改良品種が定着していたことがうかがえます。

1823年には、ドイツの医師・シーボルトが著書の中で日本のメダカを紹介し、西洋でも知られるようになりました。ところが19世紀に入ってから、それまで高級な魚だった金魚が次第に殖えて広まり、安価な値段になって庶民にも飼われるようになりました。華やかな金魚に圧倒されて、メダカの人気は衰えていきます。金魚と同時にガラス鉢も広まり、魚を上からだけでなく、横から観賞できるようになったことも、金魚の勝因ではないでしょうか。

観賞魚としての人気はなくなっても、メダカはボウフラ対策として、スイレン鉢の中や、防火用水の中に入れられ、親しみのある身近な魚であることは変わりませんでした。

絶滅危惧種指定から再びブームが到来

メダカは今、再び観賞魚として注目されています。きっかけは、1999年に野生のメダカが絶滅の危険が増大している種として記載されたことです。その後、2003年には環境省が絶滅危惧種として指定しました。これにより、メダカが希少な魚として売られるようになり、買い求める人が増えました。まもなく、野生のメダカと観賞用のメダカは別のものだという認識が広まりましたが、その後もメダカ人気は高まっています。熱帯魚よりも飼いやすく、繁殖しやすく、派手さはないものの、逆に繊細な色合いが人気を集めているのです。特に品種改良は進んでいて、さまざまな新しい品種が登場しています。ここ数年のうちに、メダカの専門店も増加しました。メダカの歴史は、今まさに、大きく動いているところなのです。

メダカに関するQ&A

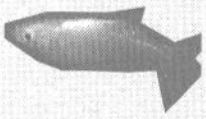

Q1・メダカの新しい品種はどうやって作られるのですか？

A1・突然変異で生まれた個体の形質を守っていくことで、品種として固定します。

　メダカの新しい品種の始まりは、突然変異で生まれた個体です。例えばヒカリメダカは、尻ビレと背ビレが同じ形をしていますが、これは発生の過程で異常が起こり、背ビレがつくところに尻ビレがついたためです。また、本来お腹側にくるはずの皮膚が背中にもついているので、背中が光を反射して輝きます。この異常な形質が遺伝しやすかったため、同じようなメダカが人為的に殖やされ、やがてヒカリメダカと呼ばれるようになり、品種として定着したのです。

　メダカの交配をする時に、例えばシロメダカとヒカリメダカを掛け合わせると、その子どもの中に、両方の性質を持ったシロヒカリメダカが誕生することがあります。ここにさらにダルマメダカを交配させると、シロヒカリダルマメダカが誕生する可能性もあるのです。現在、このようにすでにある形質を組み合わせることによって新しい品種が次々と誕生し、さらにその過程で新しい形質を持った新種も生まれています。

Q2・メダカと一緒に飼える生き物はいますか？

A2・さまざまな生き物がいます。飼い方に合わせて選びましょう。

　基本的にメダカと同じ環境を好み、メダカを捕食したり攻撃したりしない生き物であれば、一緒に飼育することができます。例えば、淡水性のエビの仲間として、ミナミヌマエビ、ヤマトエビがいます。これらのエビは水槽のコケやメダカのエサの食べ残しを食べてくれます。ミナミヌマエビはメダカと同じ環境で繁殖できるので、同時に繁殖を楽しむことも可能です。そのほか、体長6㎝ほどのシマドジョウや、尾が赤い小さな魚のアカヒレ、イシマキガイ、タニシなどの淡水の貝類は、水槽でもビオトープでも一緒に飼育することができます。

また、水温を20～25℃に保てる水槽なら、体色が美しいエビの仲間のレッドビー・シュリンプ、熱帯魚のカージナルテトラ（ただし、メダカの卵や稚魚は食べられてしまいます）なども一緒に飼うことができます。メダカを飼っている環境に合わせて最適な生き物を選びましょう。

逆に一緒に飼ってはいけない生き物は、水生昆虫やザリガニなど、メダカの天敵となる生き物です。カメも捕食する可能性があるので一緒に飼うことはできません。金魚などメダカと大きさが異なる魚も、一緒にしないようにしてください。

Q3・水生植物の肥料をメダカがいる鉢に入れても大丈夫ですか？

A3・化学肥料でなければ大丈夫です。

化学肥料の基本的な成分は窒素、リン、カリウムですが、さらに効果をあげるために、さまざまな薬品が添加されています。それが水質を変えてメダカに影響する可能性もあるので、メダカのいる鉢に入れるのはやめましょう。油カスは、菜種やアブラナなどから油を搾った後に残ったもので、この中の有機物を微生物が分解したものを植物が吸収します。この作用は緩やかに行われるので、急激に水質を変えることはないため、油カスなら大丈夫です。

Q4・メダカ1匹に最低どのくらいの水が必要ですか？

A4・理想は1ℓに1匹です。

条件によって異なりますが、基準としたいのは、1ℓの水にメダカ1匹という考え方です。初めての水槽やビオトープで失敗しやすいのは、メダカをたくさん入れすぎて過密状態になり、水質が悪化してメダカが死んでしまうことなので、この基準を頭に入れておきましょう。もちろん、なるべく1匹あたりの水量が多い方が、水質が安定し、メダカへの影響が少なくなるので、水が多い分には問題ありません。またこの基準は、水槽でフィルターなどを使った場合を想定しているので、フィルターなどを使わない場合では、2ℓに1匹と考えるのが安全です。小さい器で飼

いたい時は、必ず水草と砂利をいれましょう。こうすると、もう少し少ない水でもフィルターなしで飼うことができます。この場合は、水換えの頻度を多くして毎日少しずつ、5分の1から4分の1の水を取り替えてください。

Q5・メダカ飼育にはどんなフィルターが向いていますか？

A5・まずは取り付けが簡単な外掛け式を。

フィルターにはあまりにたくさんの種類があるので、初めて買う時はどれを選ぶといいか、迷ってしまうものです。もちろん、どれを選ぶかは好みによるところが大きいのですが、メダカ水槽のフィルターなら、取り付けやすいものがいいのではないでしょうか。この観点から見ると、お勧めは外掛け式です。外掛け式のフィルターは、取り付けやすく管理がしやすいのが長所。水槽の縁にかけておくだけなので、設置は簡単で、掃除の際もすぐにろ過材を取り出して戻すことができます。まずは外掛け式から使ってみてはいかがでしょう。

Q6・野生のメダカはどんな暮らしをしているのですか？

A6・小川の中で群れを作って団体行動をとっています。

野生のメダカは流れが緩やかな小川に住み、群れを作って生活しています。川の中では、プランクトンやボウフラなどの小さな虫、コケなどを食べています。

群れているメダカは、全員同時にエサを食べることはありません。これは、常に見張りを担当する役がいて、交代しながらエサを食べているからです。メダカは野生では捕食される危険も多いので、群れることによって身を守っているのです。水槽や池でも、たくさんのメダカを飼っていると、群れを作って泳ぐ姿を見ることができます。

Q7・セットした水槽や水鉢に、メダカをすぐ入れてはいけないのはなぜですか？

A7・水質が安定していないうちは、メダカに危険な物質が表れやすくなっています。

セットした直後の水にはバクテリアが住みついておらず、水質が安定していない状態です。水質が安定していないということは、メダカにとって有毒なアンモニアや亜硝酸などが発生しやすくなっています。フィルターやビオトープの中でバクテリアが殖えて、これらの物質を分解してくれるまでにおよそ1～2週間かかるので、それまではメダカを泳がせない方がいいのです。どうしても早く入れたい時は、市販のバクテリアを利用しましょう。また、立ち上げたばかりの水槽では、様子を見ながら少しずつメダカの数を増やすようにするとより安全です。

Q8・水槽の底には、砂利を敷かなくてもいいのでしょうか？

A8・砂利はメダカを落ち着かせ、微生物の住みかになります。

水槽の底に砂利を敷く1番の理由は、メダカを落ち着かせるためです。メダカは本来、底に砂や土が積もっている川の中で生活していたので、水槽の中でも、砂利があると落ち着くのです。また、砂利の中には微生物が住み着き、水中の汚れを分解するので、水がきれいになる効果があります。ビオトープの場合も同様で、鉢の中に土や砂利を入れると、微生物の浄化作用で水がきれいになります。

Q9・水草に混じって水槽に入った小さな貝は、そのままにしてもいいですか？

A9・害はありませんが、増えるのが嫌なら取り除きましょう。

水槽や水鉢にいつの間にか入っている小さな巻き貝。この貝は無害で、実はメダカの食べ残したエサを食べたり、少しですがコケを食べたりしてくれます。また、水質が悪くなると、水の外に出ようと水面に集まってくるので、水質悪化を把握することができます。ここまで考えると、いいことばかりのようですが、この貝は繁殖力が強く、あっという間に殖えてしまいます。水槽の表面を覆ってしまうと見苦しくなるので、貝を増やしたくなければ、見つけた時に取り除きましょう。

メダカの用語辞典

【あ行】

赤玉土（あかだまつち）
園芸用の土の一種。粒が大きく、水はけがいい。水生植物の土としてもよく用いられる。

アカヒレ
尾ビレが赤いコイ科の観賞魚。体長4㎝と小さく、低水温に強く10℃でも生きられる。メダカとはまったく別の種類の魚。

アクアテラリウム
水槽に水中の部分と陸地の部分を混在させた中で、魚や水草、水辺で生きる動物を観賞しながら飼育すること。

アクアリウム
ろ過装置、エアポンプ、ヒーターなどを用いて水槽設備を整え、魚や水草などの水生生物を観賞できるようにしたもの。

アク抜き（あくぬき）
流木やシュロの皮など、そのまま水に入れると水が濁ってしまう植物を、長時間水にさらすか煮こんで、水に溶けだす成分を取り除くこと。

アクリル
合成樹脂素材。アクリルガラスとも呼ばれる。水槽にも用いられ、ガラス製と比べて軽く、割れにくいという利点がある。傷がつきやすいのが短所。

油粕（あぶらかす）
水生植物用の肥料。菜種やアブラナなどから油を搾った後に残るもの。有機物を微生物が分解したものを植物が栄養として吸収するので、長期間持続する緩行性の肥料。

荒木田土（あらきだつち）
田んぼや川の底に堆積する粒子の細かい土。水生植物を植えるために使用する。園芸店などで販売されている。

エアストーン
エアポンプから送った酸素を細かい泡にして水中に放出するための器具。

エアチューブ
エアポンプとエアストーンをつなぐチューブ。

エアポンプ
水中に空気を送る装置。エアストーン、エアチューブと組み合わせて使用する。

エアレーション
エアポンプやフィルターを使って水中に酸素を送ること。

【か行】

カージナルテトラ
赤い体色にブルーのラインが入った熱帯魚。生体の体長は約4㎝。水温25℃で飼育する。性格は温和で、群れを作る習性がある。

学名（がくめい）
規則に基づいてラテン語で表記される、生物の世界共通の名称。

外部式フィルター（がいぶしきフィルター）
本体を水槽の外部に設置して使うフィルター。水草の育成には適しているが、酸素不足を招きやすい。

カダヤシ
体長3～5㎝の淡水魚。北アメリカ原産の外来種で、野生のメダカと同様に川に生息する。メダカとよく似ているが別の種類。飼育は禁止されている。

カルキ抜き（カルキぬき）
カルキは水道水に含まれる塩素のこと。塩素が魚に有害なので、これを取り除くことをカルキ抜きという。中和剤の別名としても使われる。

キスゴム
エアチューブを壁に固定したり、水温計を水槽に固定するために使用する吸盤つきのゴム。

【さ行】

サーモスタット
水温を一定に保つために用いる装置。

酵素発生剤（さんそはっせいざい）
水中で酸素を発生するように加工された石。効果は約1ヶ月。これを使うと、エアポンプをつけられない小型の容器でも酸素を持続的に供給することができる。

硝酸塩（しょうさんえん）
魚を飼っている水の中に溜まっていく有害物質。毒性は低いが、多くなると魚の害になるので水換えを行う。

上部式フィルター（じょうぶしきフィルター）
水槽の上に取り付けるタイプのフィルター。

水槽台（すいそうだい）
水槽を置くための専用の台。エアチューブなど水槽の周辺設備もうまく収納できるように設計されている。

スイレン
スイレン科に属する植物の総称。水面に葉を広げ、水面の上に花を咲かせる。多年草で葉を枯らせて越冬する。

水中設置式フィルター（すいちゅうせっちしきフィルター）
水中に入れて電動ポンプで作動させるフィルター。

スポイト
砂利の上のゴミを吸いとって取り除いたり、ミジンコなどの生餌を少しずつ与える際に使用する。

ソイル
ろ過装置、エアポンプ、ヒーターなど主に熱帯魚水槽で水草を植えるために使用する人工の砂。ビオトープにも使うことができる。

底砂（そこすな）
水槽の底に敷く砂利のこと。

外掛け式フィルター（そとかけしきフィルター）
水槽の縁にかけて使用する小型のフィルター。ろ過能力が高いうえ、安価で利用しやすい。音が気になる場合もある。

【た行】

足し水（たしみず）
蒸散によって水が減った水槽や水鉢に新しく水を加えること。水道水は中和剤で中和してから足し水を行う。

底床（ていしょう）
水槽の底の部分。

底面式フィルター（ていめんしきフィルター）
水槽の底に置き、砂利を敷いて使用する。エアポンプから送られる空気で作動する。

中和剤（ちゅうわざい）
水道水に含まれる魚に有毒な成分を中和して無毒化するための薬剤。

【な行】

二酸化炭素（にさんかたんそ）
水草によっては添加が必要な種類があり、水槽に加えるために二酸化炭素ボンベが販売されている。メダカも水中で呼吸をして二酸化炭素を排出するが、その排出量は少なく、添加が必要な水草には不十分。

【は行】

バクテリア
細菌の一種。水槽の中では、フィルターのろ過材の表面や内部に住み着き、水の汚れを分解する微生物を指す。

pH（ピーエイチ、ペーハー）

酸性、アルカリ性の度合いを表す値。0～14の間の数値で示し、7が中性、7より小さいと酸性、大きいとアルカリ性になる。水中に暮らす生き物は、それぞれに最適なpHの幅があり、メダカは弱アルカリ性～中性の水を好む。酸性の水には弱い。水槽内のpHは、市販されているpH試薬や電子式pHメーターで測ることができる。

ヒーター

水槽を温めるために使用する器具。サーモスタットと一体化した使いやすいタイプもある。

ビオトープ

人工的に水辺を作り、水生植物や動物を集めて生態系を再現したもの。もとはドイツ語で「生物が生活している空間」という意味。

ヒツジグサ

日本に自生している温帯スイレンの一種。白い花を咲かせる。

フィルター

水槽の水をきれいにするための装置。外掛け式、上部式、水中設置式、底面式、外部式などさまざまな種類がある。中にろ過材を入れ、電力、または、空気の力で作動させる。

プランクトン

ミジンコ、ゾウリムシなど水中を漂っている微生物の総称。メダカのエサになる。

ボウフラ

カの幼虫。水中で生活する。

【ま行】

水鉢（みずはち）

水を張って水生植物を植えたり、花を活けるために作られた器。底に穴がないものと、水抜きができる栓がついているものがある。

藻（も）

日光と水の中の有機物を栄養にして増殖し、水槽内を緑にするアオミドロなどの総称。

【や行】

溶岩石（ようがんせき）

溶岩が固まってできた石。細かい穴があいているので中で微生物が繁殖し、水をきれいにする効果がある。

【ら行】

ろ過材

フィルターの中に入れてバクテリアの繁殖床として使用するもの。

おわりに……

メダカは日本で古くから親しまれてきた魚です。
最近になってメダカ人気が高まってきたのは、ただ飼いやすいだけでなく、
幼い頃に小川でメダカをとった思い出や、
学校の教室で飼っていた記憶からくる
懐かしさもあってのことかもしれません。

メダカは小さな魚ですが、実際に飼ってみると、
小さな生き物の繊細さや次々と命を受け継いでいくたくましさなど、
たくさんのことを教えてくれます。

水槽でもビオトープでも、自由なスタイルで飼育できるメダカ。
それぞれの暮らしに合わせてメダカのいる水辺をとり入れ、
ひとりでも多くの方に生き物を飼う楽しさを体験していただければ幸いです。

撮影協力

AQUA SHOP wasabi
京都府京都市伏見区深草西浦町5-4　TEL:075-643-7335　URL:http://aqua-wasabi.com

太田メダカ
群馬県太田市東長岡町513　TEL:0276-45-4953　URL:http://www.ota-medaka.com

杜若園芸
京都府城陽市寺田庭井108-1　TEL:0774-55-7977　URL:http://www.akb.jp

匙屋
東京都国立市中1-1-14松葉荘1階　TEL:042-577-5075　URL:http://sajiya.exblog.jp

めだかやドットコム(メダカ総合情報サイト)
URL:http://www.medakaya.com

制作協力

アクアデザインアマノ
新潟県新潟市西蒲区漆山8554-1　TEL:0256-72-1994　URL:http://www.adana.co.jp

e-cera shop（サングリーン）
愛知県常滑市金山字上砂原116　TEL:0569-43-7126　URL:http://www.rakuten.ne.jp/e-cera

神畑養魚
兵庫県姫路市御立中3-3-20　TEL:079-297-5420　URL:http://www.regalo-net.jp

コトブキ工芸
大阪府松原市阿保2-122-4　TEL:072-333-2208　URL:http://www.kotobuki-kogei.co.jp/top

信楽焼 マルイチ奥田陶器
滋賀県甲賀市信楽町長野228　TEL:0748-82-0234　URL:http://www.yakimono.co.jp

プラスガーデン
滋賀県甲賀市信楽町長野1361-4　TEL:0748-82-3366　URL:http://www.plusgarden.jp

参考文献

「ミニ・ビオトープでメダカを飼おう!」小林道信(誠文堂新光社)
「スイレン鉢でメダカを飼おう!」小林道信(誠文堂新光社)
「アクアリウムでメダカを飼おう!」小林道信(誠文堂新光社)
「メダカの救急箱　100問100答」小林道信(誠文堂新光社)
「ザ・日本のメダカ」小林道信(誠文堂新光社)
「ザ・水草図鑑」小林道信(誠文堂新光社)
「ビギナーのためのアクアリウムブック　メダカ」九門季里(誠文堂新光社)
「ゆらゆらゆれるかわいい水草　アクアプランツインテリア」宮田浩史(小学館)
「メダカと日本人」岩松鷹史(青弓社)
「水草の栽培と楽しみ方」文研出版
「水槽で楽しむ小さな自然」山崎美津夫(日本放送出版協会)
「江戸時代 観賞魚としてのメダカ 試論」佐原雄二　吉田比呂子

監修者紹介

小林道信（こばやし みちのぶ）

1960年、東京都生まれ。世界でも数少ない熱帯魚専門の水槽写真家。撮影対象は、熱帯魚、海水魚、海産無脊椎動物、水草、水草レイアウト水槽、金魚、錦鯉と、水槽飼育可能な生物を中心に多岐に渡る。スタジオには 100本の大小の水槽があり、時間をかけて様々な生物を飼育し、ベストな状態に仕上げ撮影を行なっている。主な著書は、「ザ・熱帯魚」（誠文堂新光社）、「熱帯魚大図鑑」（世界文化社）など、100冊以上の著書がある。

Staff		
	Editor	佐藤華奈子
	Photographer	平林美紀
	Designer	松永路
	Illustrator	今田美沙

写真協力 小林道信
東山泰之
（TOHYAMA Yasuyuki）

かわいいメダカの本《ほん》
飼《か》い方《かた》と素敵《すてき》な水草《みずくさ》レイアウト、ビオトープの作《つく》り方《かた》
NDC 666.9

2010年 4月30日 発 行
2014年 10月20日 第5版

編 者 メダカ好《ず》き編集部《へんしゅうぶ》
発行者 小川雄一
発行所 株式会社誠文堂新光社

〒113-0033 東京都文京区本郷 3-3-11
（編集）電話 03-5800-3614
（販売）電話 03-5800-5780
http://www.seibundo-shinkosha.net/

印 刷 （株）大熊整美堂
製 本 和光堂（株）

©2010 Medakazukihenshubu printed in Japan 検印省略
（本書掲載記事の無断転用を禁じます）
落丁・乱丁本はお取り替えいたします。

R〈日本複製権センター委託出版物〉
本書を無断で複写複製（コピー）することは、著作権法上の例外を除き、禁じられています。
本書をコピーされる場合は、事前に日本複製権センター（JRRC）の許諾を受けてください。
JRRC〈http://www.jrrc.or.jp eメール：jrrc_info@jrrc.or.jp 電話：03-3401-2382〉

ISBN978-4-416-71025-8